普通高等教育电气信息类规划教材

# 电子电路（上）实验指导教程

朱礼亚　关丽敏　王晓艳　肖鹤玲　编著

U0321436

机械工业出版社

本书是根据长安大学自动化专业培养方案（2016版）的要求，为适应"电子电路"课程实验教学改革的需要，结合多年的实验教学经验编写而成的，内容丰富，覆盖面广。全书包括了实验基础知识、虚拟仿真实验、电路实验、模拟电子技术实验四个部分。各实验项目中原理介绍简明扼要，实验方法详细明确，对于学生在实验过程中经常遇到的问题也加以说明和解释。既注重学生基本实验技能的掌握，又突出了虚拟仿真与实际实验相结合的特色。

本书适用于高等院校自动化、电子信息工程、通信工程、机械电子工程等专业本科生的"电路理论""模拟电子技术"课程，以及其他非电类专业本科生的"电路与模拟电子技术""电工学与电子技术基础"等课程的实验指导教程，也可供高职高专院校的教师和从事电子技术工作的工程技术人员参考。

**图书在版编目（CIP）数据**

电子电路（上）实验指导教程/朱礼亚等编著 . —北京：机械工业出版社，2019.10
普通高等教育电气信息类规划教材
ISBN 978-7-111-63643-4

Ⅰ . ①电… Ⅱ . ①朱… Ⅲ . ①电子电路-实验-高等学校-教学参考资料 Ⅳ . ①TN710-33

中国版本图书馆 CIP 数据核字（2019）第 192539 号

机械工业出版社（北京市百万庄大街 22 号 邮政编码 100037）
策划编辑：汤 枫 责任编辑：汤 枫
责任印制：张 博 责任校对：张艳霞
北京铭成印刷有限公司印刷

2019 年 11 月第 1 版·第 1 次印刷
184mm×260mm·13.25 印张·323 千字
0001-2500 册
标准书号：ISBN 978-7-111-63643-4
定价：49.00 元

电话服务　　　　　　　　　　网络服务
客服电话：010-88361066　　　机 工 官 网：www.cmpbook.com
　　　　　010-88379833　　　机 工 官 博：weibo.com/cmp1952
　　　　　010-68326294　　　金 书 网：www.golden-book.com
**封底无防伪标均为盗版**　　 机工教育服务网：www.cmpedu.com

# 前　言

科学技术的日益发展和高水平人才需求的增加，对普通高等院校在教育理念、教育方法、教学手段和实践环节等方面都提出了更高的要求。长安大学电子与控制工程学院担负着为公路交通、国土资源、城乡建设等行业培养自动化、电气工程专业人才的任务。学院根据国家重点学科"交通运输工程"与"控制科学与工程"发展的迫切需要，将原有的"电工电子实践初步""电路理论""模拟电子技术""数字电子技术""FPGA 原理及应用"等课程进行分类整合，构建了"电子电路"课程体系。

"电子电路"课程依据长安大学自动化专业培养方案（2016 版）中对于学生课程知识体系、综合素质和实践能力的要求，将原来五门课程共四个学期的教学任务，改为一门课程三个学期完成。秉承"融专业知识传授、素质教育、实践能力培养于一体"的工程研究应用型人才培养理念，"电子电路"课程尤其注重理论联系实际，加大实践环节比重，突出面向工程研究特色。

作为与"电子电路"课程相配套的实验指导教材，《电子电路（上）实验指导教程》是长安大学电子与控制工程学院面向自动化专业的核心课程建设教材，以满足国家重点学科实验教材建设的迫切需要。本书遴选出编者认为具有代表性的基础实验和综合实验内容，同时结合本学院"交通信息与控制"国家级虚拟仿真实验中心建设，增加了虚拟仿真实验环节，将虚拟仿真与实验验证相结合、课堂教学与远程控制相结合，从基本的实验基础知识到虚拟仿真实验、高级模拟电子线路设计都有详细的介绍，让学生借助于本书便可由简入繁，逐步提高自己的实践能力，使学生对电路理论、模拟电子技术和虚拟仿真电路设计了解得更加深入透彻，以致融会贯通，并培养学生综合、思维和动手能力，激发其兴趣、求知欲和创新意识。

本书由长安大学电工电子实验教学中心的朱礼亚、关丽敏、王晓艳、肖鹤玲编著，其中第 1~3 章、第 8~12 章由朱礼亚编写，第 4、5 章由关丽敏编写，第 6、7 章由肖鹤玲、王晓艳共同编写，附录部分由王晓艳编写。在编写过程中，长安大学电子与控制工程学院的汪贵平、闫茂德、段晨东、王会峰教授，以及电工电子基础教学部的楚岩、张菁、杨照辉等老师也为本书提供了大量的素材和各方面的支持，在此一并表示感谢。

虽然编者在本书的编写过程中力求叙述准确、完善，但由于水平有限，书中欠妥之处在所难免。衷心希望读者和广大同仁能够及时指出，共同促进本书质量的提高。谨此为盼！

编　者

# 目　　录

## 第3部分　电 路 实 验

## 第4部分　模拟电子技术实验

# 第1部分　实验基础知识

## 第1章　电子电路实验的目的、方法及要求

### 1.1　电子电路实验的目的及意义

作为一个工科专业的大学生，大学四年中有很大一部分时间是进行实践性学习，如做实验、课程设计及毕业设计等。电子电路（上）实验课程是长安大学自动化专业根据新形势下高素质人才培养需求，将原有的"电路基础实验""模拟电子技术实验"进行整合，并结合应用虚拟仿真教学方式，开设的一门专业基础实验课程，具有很强的实践性。该课程知识（包括理论知识部分的巩固与扩展、实验仪器的使用、实验方法的掌握以及工程实践能力的培养等）的掌握程度，将会在很大程度上影响到后续课程的学习。因此对电子电路实验课程应给予足够的重视。通过该课程的学习，操作者应掌握基本的实践技能，并将所学理论应用到实际中，提高发现问题、分析问题和解决问题的能力；培养严谨、严肃、严格的科学态度以及踏实、认真的工作作风；树立灵活运用所学知识进行创新的主观意识。

电子电路实验是将理论知识应用到实践中去的入门课程，通过本课程的学习，操作者应掌握以下几个方面的知识和技能：

1）实验的基本常识。

2）常用电子仪器、仪表的正确使用及测量方法。

3）电路理论、模拟电子技术课程理论的实践性学习及综合应用。

4）电路中常用的基本元器件的性能。

5）实验报告的撰写。

### 1.2　电子电路实验的学习方法

为学好电子电路实验课，在学习时应注意以下几点。

**1. 掌握实验课程的学习规律**

实验课程是以实验为主的课程，每个实验都要经历预习、实验和总结三个阶段，每个阶段都有明确的任务与要求。

预习——预习的任务是弄清实验的目的、内容、要求、方法及实验中应注意的问题，并拟定出实验步骤，画出记录表格。此外，还要对实验结果做出估计，以便在实验时可以检验实验结果的正确性。预习是否充分，将决定实验能否顺利完成和收获的大小。

实验——实验的任务是按照预定的方案进行实验。实验的过程既是完成实验任务的过程，又是锻炼实验能力和培养实验作风的过程。在实验过程中，既要动手，又要动脑，要养成良好的实验作风，做好原始数据的记录，要分析与解决实验中遇到的各种问题。

总结——总结的任务是在实验完成后，整理实验数据，分析实验结果，总结实验收获并写出实验报告。这一阶段是培养总结归纳能力和撰写实验报告能力的重要手段。一次实验收获的大小，除决定于预习和实验外，总结也具有重要的作用。

**2. 应用已学理论知识指导实验的进行**

首先要从理论上来研究实验电路的工作原理和特性，然后制定实验方案。在调试电路时，也要用理论来分析实验现象，从而确定调试措施。盲目调试是错误的，虽然有时也能获得正确的结果，但对调试电路能力的提高不会有什么帮助。对实验结果的正确与否及理论的差异也应从理论的高度来进行分析。

**3. 注意实际知识与经验的积累**

实际知识和经验需要靠长期积累才能丰富起来。在实验过程中，对所用的仪器及元器件，要记住它们的型号、规格和使用方法；对实验中出现的各种现象和故障，要记住它们的特征；对实验中的经验教训要加以总结。及时地记录和总结，不仅对当前有用，而且也可供以后查阅。

**4. 增强自觉提高实际工作能力的意识**

要将实际工作能力的培养从被动变为主动。在学习过程中，有意识地、主动地培养自己的实际动手能力。不应过分依赖教师的指导，而应该力求自己解决实验中遇到的各种问题。要不怕困难和失败，从某种意义上来说，困难和失败是提高自己实际动手能力的良机。

# 1.3 电子电路实验的基本要求

为使实验能够达到预期效果，确保实验的顺利完成，培养学生良好的学风，充分发挥学生的主观能动性，对学生提出以下基本要求。

**1. 实验前的要求**

1）实验前要充分预习，包括认真阅读理论教材及实验教材，深入了解本次实验的目的，弄清实验电路的基本原理，掌握主要参数的测试方法。

2）阅读实验教材中关于仪器使用的章节，熟悉所用仪器的主要性能和使用方法。

3）估算测试数据、实验结果，并写出预习报告。

**2. 实验中的要求**

1）按时进入实验室，认真听课，注意指导教师的讲解及提出的应注意的问题并在规定的时间内完成实验任务。遵守实验室的规章制度，实验后整理好实验台。

2）严格按照科学的操作方法进行实验，要求接线正确、布线整齐、合理。

3）按照仪器的操作规程正确使用仪器，不得野蛮操作。

4）实验中出现故障时，应利用所学知识冷静分析原因，并能在教师的指导下独立解决。对实验中的现象和实验结果要能进行正确的解释。要做到脑勤、手勤，善于发现问题、思考问题并解决问题。

5）测试参数时要心中有数，细心观测，做到原始记录完整、清楚，实验结果正确。

### 3. 实验后的要求

撰写实验报告是整个实验教学中的重要环节，是对工程技术人员的一项基本训练，一份完美的实验报告是一项成功实验的最好答卷，因此实验报告的撰写要按照以下要求进行。

（1）对于普通的验证性实验报告的要求

1）实验报告用规定的实验报告纸进行书写，上交时应装订整齐。

2）实验报告中所有的图都用同一颜色的笔书写，画在坐标纸上。

3）实验报告要书写工整、布局合理、美观。

4）实验报告内容要齐全，应包括实验任务、实验原理、实验电路、实验步骤、实验结果及结论分析等。

（2）对于设计性实验报告的要求

设计性实验是实验内容中比验证性实验高一层次的实验，因此对实验报告的撰写也有特殊的要求和步骤。

1）已知条件。包括主要技术指标、实验用设备（名称、型号、数量）。

2）电路原理。如果所设计的电路由几个单元电路组成，则阐述电路原理时，最好先用总体框图说明，然后结合框图逐一介绍各单元电路的工作原理。

3）单元电路的设计与调试步骤。

4）测量结果的误差分析。用理论计算值代替真值，求得测量结果的相对误差，并分析误差产生的原因。

5）思考题解答与其他实验研究。

6）电路改进意见及本次实验中的收获体会。

# 第2章 常用实验测量仪器的使用

## 2.1 万用表的使用方法训练

### 1. 万用表简介

万用表是电子电路实验中最常使用的测量仪器之一，现在多数为数字式，可测量交直流电压和电流、电容（电感）、晶体管的参数、二极管的极性，以及检测连线的通断等。实验室使用的数字万用表型号为胜利 VC890D，如图 2-1 所示。

图 2-1 VC890D 数字万用表

### 2. 数字万用表的使用方法

开机后，LCD 屏幕上有"APO"符号出现，表示仪表处于自动关机状态；如果在 15 min 内转动拨盘或者仪表上在 15 min 内一直有数字在变动，则仪表处于不关机状态。

按住"HOLD"键开机，无"APO"符号，仪表处于不关机状态；循环短按"HOLD"键，打开或者关闭锁定功能；循环长按"HOLD"键，打开或者关闭背光灯。

（1）直流电压测量

1）将黑表笔接入"COM"插座，红表笔接入"V/Ω"插座。

2）将量程开关转至相应的直流电压量程上，然后将测试表笔并联跨接在被测电路中，红表笔所接的该点电压与极性显示在显示屏上。

注：① 如果事先对被测电压没有概念，应将量程开关转到最高的档位，然后根据显示值转到相应档位上。

② 如屏幕显示"OL"，表明已超过量程范围，需将量程开关转到较高档位上。

（2）交流真有效值测量

1）将黑表笔接入"COM"插座，红表笔接入"V/Ω"插座。

2）将量程开关转至相应的交流电压量程上，然后将测试表笔并联跨接在被测电路中，红表笔所接的该点电压与极性显示在显示屏上。

注：① 如果事先对被测电压没有概念，应将量程开关转到最高的档位，然后根据显示值转到相应档位上。

② 如屏幕显示"OL"，表明已超过量程范围，需将量程开关转到较高档位上。

③ 一般情况下，数字万用表只用来测量频率为 50 Hz 的工频交流电压，在本书的模拟电子技术实验中，都使用交流毫伏表测量交流真有效值。

（3）直流电流测量

1）将黑表笔接入"COM"插座，红表笔接入"mA"插座中（最大值为 200 mA），或红表笔接入"20 A"插座中（最大值为 20 A）。

2）将量程开关转至相应的直流电流量程上，然后将测试表笔串联接入被测电路中，被测电流值及红表笔所接的该点电流极性显示在显示屏上。

注：① 如果事先对被测电流没有概念，应将量程开关转到最高的档位，然后根据显示值转到相应档位上。

② 如屏幕显示"OL"，表明已超过量程范围，需将量程开关转到较高档位上。

③ 在测量 20 A 时要注意，连续测量大电流将会使电路发热，影响测量准确度甚至损坏仪表。

（4）交流电流测量

1）将黑表笔接入"COM"插座，红表笔接入"mA"插座中（最大值为 200 mA），或红表笔接入"20 A"插座中（最大值为 20 A）。

2）将量程开关转至相应的交流电流量程上，然后将测试表笔串联接入被测电路中，被测电流值及红表笔所接的该点电流极性显示在显示屏上。

注：① 如果事先对被测电流没有概念，应将量程开关转到最高的档位，然后根据显示值转到相应档位上。

② 如屏幕显示"OL"，表明已超过量程范围，需将量程开关转到较高档位上。

③ 在测量 20 A 时要注意，连续测量大电流将会使电路发热，影响测量准确度甚至损坏仪表。

（5）电阻测量

1）将黑表笔接入"COM"插座，红表笔接入"V/Ω"插座。

2）将量程开关转至相应的电阻量程上，然后将测试表笔并联跨接在被测电阻上。

注：① 如电阻值超过所选的量程值，屏幕显示"OL"，这时应将开关转至较高档位上；当测量电阻值超过 1 MΩ 以上时，读数需几秒才能稳定，这在测量高电阻时是正常的。

② 当输入端开路时，则显示过载情形。

③ 测量在线电阻时，要确认被测电路所有电源已关闭及所有电容都已经完全放电时，才可以进行。

（6）电容测量

1）将黑表笔接入"COM"插座，红表笔接入"V/Ω"插座。

2）将量程开关转至相应的电容量程上，表笔对应极性（注意红表笔为"+"极）接入被测电容。

注：① 如果事先对被测电容范围没有概念，应将量程开关转到最高的档位，然后根据显示值转到相应档位上。

② 如屏幕显示"OL"，表明已超过量程范围，需将量程开关转到较高档位上。

③ 在测试电容前，屏幕显示值可能尚未归零，残留读数会逐渐减小，但可以不予理会，它不会影响到测量的准确度。

④ 在测试电容容量前，应对电容充分地放电，以防止损坏仪表。

⑤ 单位：1 μF = 1000 nF，1 nF = 1000 pF。

（7）二极管及通断测试

1）将黑表笔接入"COM"插座，红表笔接入"V/Ω"插座（注意红表笔为"+"极）。

2）将量程开关转至"⟶⊳⊢·)))"量程上，并将表笔连接到待测二极管，读数为二极管正向电压降的近似值。

3）将表笔连接到待测线路的两点，如果两点之间电阻值低于80 Ω，则内置蜂鸣器发出声音。

注：实验中经常用该档位测量导线、电缆的通断情况。

（8）晶体管参数测量

1）将量程开关置于 hFE 档。

2）判断所测晶体管为 NPN 或者 PNP 型，将发射极、基极和集电极分别插入测试附件上相应的插孔。

（9）其他注意事项

1）如果长时间不用万用表，请取出电池，防止电池漏液腐蚀仪表。

2）注意9 V 电池的使用情况，当屏幕出现电量不足的符号时，应更换电池。

## 2.2 信号源的使用方法训练

EE1410 型合成函数信号发生器是一种采用直接数字合成技术（DDS）的信号发生器，能够产生正弦波、方波、三角波、锯齿波以及脉冲波等波形，是电工实验中常用的信号源设备之一。仪器面板如图 2-2 所示。

**1. 面板上按钮功能说明**

1）电源开关：按下电源开关，则打开电源；弹起则关闭电源。

2）数字按钮：输入数字。

3）TTL 电位器旋钮：当电位器为关状态时，TTL/CMOS 输出端口输出 TTL 信号；当电位器为开状态时，TTL/CMOS 输出端口输出 CMOS 信号。

4）外测频：输入被测信号的端口。

图 2-2　EE1410 型合成函数信号发生器

5）主函数输出：可输出正弦波、方波、三角波、脉冲波以及锯齿波等信号。

6）TTL/CMOS：可输出 TTL、CMOS 信号。

7）液晶显示屏下方的按键均有两种功能，键帽上显示的为第一功能，第一排键帽上方、第二排键帽下方的文字为第二功能。

如：Amp 键第一功能为设置输出幅度，第二功能为切换幅度显示的峰峰值/有效值。在使用按键的第二功能时，需要按住 Shift 键不放，再按需要的功能键。

**2. 开机初始状态**

仪器开机后，液晶显示屏显示当前操作的内容以及信号的频率、幅度及调制方式等，但每次显示其中的一项内容，可用左翻屏键、右翻屏键查看其他内容。

输出状态下，主函数输出端口输出峰峰值为 1 V、频率为 3 MHz 的正弦波。若按函数/音频键，则主函数输出端口输出峰峰值为 1 V、频率为 1 kHz 的正弦波。

注：实验时要注意正弦信号峰峰值和有效值之间的转换关系。正弦波有效值 $= \dfrac{\sqrt{2}}{4} \times$ 正弦波峰峰值。

**3. 主函数输出设置方法**

1）波形选择：选择正弦波，则按下正弦波键（第一排第一个）；选择方波，则按下方波键（第一排第二个）；选择三角波，则按下三角波键（第一排第四个）。

注：选择不同的波形时，液晶显示屏下方的小光标移动到对应的波形符号上方，表示当前的输出波形。

2）频率设定：如设定频率为 2.8 kHz，依次按下 Freq 键、数字 2、数字小数点、数字 8 及 Ent 键（此时 Ent 键代表 kHz 的频率单位）。

3）幅度设定：如设定幅度为 1.5 V，依次按下 Amp 键、数字 1、数字小数点、数字 5 及 Trig 键（此时 Trig 键代表峰峰值 $V_{pp}$ 的幅度单位）。

注：按住 Shift 键，再按 Amp 键。若原来为有效值，则改为峰峰值；若原来为峰峰值，则改为有效值。

**4. 数字旋钮的使用方法**

在实际应用中，有时需要对信号进行连续调节，这时可以使用面板上的数字旋钮，操作过程如下：

1）按左翻屏键、右翻屏键，使显示屏上显示频率、幅度这样的数字信息。

2）旋转数字旋钮使显示屏上的光标移动到需要修改的数字所在的位置，然后按 Ent 键进行位置确认。

3）旋转数字旋钮更改数字，然后按 Ent 键进行数字确认。

注：为防止输出端断路，使用旋钮时，要缓慢旋转。

## 2.3 交流毫伏表的使用方法训练

**1. 双通道晶体管交流毫伏表简介**

交流毫伏表是一种用来测量正弦信号的交流电压表，主要用于测量毫伏级以下的毫伏、微伏交流电压，其测量值为正弦交流信号的有效值。实验室使用的交流毫伏表型号为 AS2294D，如图 2-3 所示。

图 2-3　双通道晶体管交流毫伏表 AS2294D

**2. 交流毫伏表的工作方式**

1）异步工作方式：AS2294D 毫伏表是由两个电压表组成的，因此在异步工作时是两个独立的电压表，也就是说，可作为两台单独电压表使用，一般用于测量两个电压量程相差比较大的情况，如测量放大器增益，可用异步工作方式。按下左边通道旁边的按钮，"ASYN"指示灯亮，此时交流毫伏表工作在异步工作方式。

2）同步工作方式：AS2294D 毫伏表同步工作时，可由一个通道量程控制旋钮同时控制两个通道的量程，适用于立体声或者两路相同放大特性的放大器。按下左边通道旁边的按钮，"SYNC"指示灯亮，此时交流毫伏表工作在同步工作方式。

3）浮置功能：在毫伏表后方的扳动开关，上方"FLOAT"代表浮置功能，下方"GND"代表接地功能。

① 在音频信号传输中，有时需要平衡传输，此时测量其电平时，不能采用接地形式，需要浮置测量。

② 在测量 BTL 放大器时（如大功率 BTL 功放），输出两端任一端都不能接地，否则将

会引起测量不准甚至烧坏功放，这时宜采用浮置方式测量。

③ 某些需要防止地线干扰的放大器或带有直流电压输出的端子及元器件两端电压的在线测试等均可采用浮置方式，以避免由于公共接地带来的干扰或短路。

**3. 交流毫伏表的使用方法**

1）通电：加入测量信号，接通电源。为保证性能稳定，可预热 10 s 后使用。

2）连接被测电路：将输入测试探头上的红、黑鳄鱼夹与被测电路并联（**红色鳄鱼夹接被测电路的信号端，黑色鳄鱼夹接地端**）。

3）选择合适量程：观察表头指针在刻度盘上所指位置，若指针在起始点基本没动，说明被测电路的电压很小，且毫伏表量程选择过高。此时逆时针旋转量程开关，用递减法由高量程向低量程变换，直到表头指针指在满刻度的 2/3 或者中间部分即可。

4）读数：表头刻度盘上共刻有四条刻度，第一条和第二条刻度为测量交流电压有效值的专用刻度，第三条和第四条刻度为测量分贝值的刻度。当量程开关分别选择 10 V、1 V、0.1 V、10 mV 以及 1 mV 量程时，读数看表头中第一条满刻度为 10 的表盘；当选 30 V、3 V、0.3 V、30 mV 以及 3 mV 量程时，读数看表头中满刻度为 3 的表盘（**逢 1 从第一条刻度读数，逢 3 从第二条刻度读数**）。例如，选用 0.3 V 的档位，读数时看满刻度为 3 的表盘，若此时指针指在 1 的位置上，则实际测量电压为有效值 0.1 V。

当用该仪表去测量外电路中的电平值（分贝）时，就从第三、四条刻度读数，读数方法是逢 1 从第三条刻度读数，逢 3 从第四条刻度读数。指针指示值再配合量程数，得出实际测量值。

注：① 当不知被测电路中电压值大小时，必须首先将毫伏表的量程开关置于最高档。如果指针基本不动或者动得很少，应逐级递减量程，直到指针指在刻度盘中间或满刻度的 2/3 部分再读数。

② 若要测量高电压，输入端黑色鳄鱼夹必须与地连接，防止触电。

③ 测量前应短路调零。打开电源开关，将测试线的红黑夹子夹在一起，将量程旋钮旋到 1 mV 量程，指针应指在零位，如有误差则要通过面板上的调零电位器将指针调零。

④ 交流毫伏表灵敏度较高，打开电源后，在较低量程时由于干扰信号（感应信号）的作用，指针会发生偏转，这称为自起现象。所以在不测试信号时应将量程旋钮旋到较高量程档，以防打弯指针。

⑤ 对正弦波而言，测量值就是其有效值，对于方波、三角波，利用交流毫伏表得到的测量值并不是其有效值，但是可以根据该值换算得到其有效值。有效值换算公式：**有效值 = 测量值×0.9×波形系数**（方波波形系数为 1，三角波波形系数为 1.15）。

# 2.4 示波器的使用方法训练

数字示波器不仅具有多重波形显示、分析和数学运算功能，波形、设置、CSV 和位图文件存储功能，自动光标跟踪测量功能以及波形录制和回放功能等，还支持即插即用 USB 存储设备和打印机，并可通过 USB 存储设备进行软件升级等。

**1. DS1072U 数字示波器前操作面板简介**

DS1072U 数字示波器前操作面板如图 2-4 所示。按功能前面板可分为 8 大区，即液晶显示区、功能菜单操作区、常用菜单区、执行按键区、垂直控制区、水平控制区、触发控制区和信号输入/输出区等。

功能菜单操作区有 5 个按键、1 个多功能旋钮和 1 个按钮。5 个按键用于操作屏幕右侧的功能菜单及子菜单；多功能旋钮用于选择和确认功能菜单中下拉菜单的选项等；按钮用于取消屏幕上显示的功能菜单。

常用菜单区如图 2-5 所示。按下任一按键，屏幕右侧会出现相应的功能菜单。通过功能菜单操作区的 5 个按键可选定功能菜单的选项。功能菜单选项中有 "◁" 符号，表明该选项有下拉菜单。下拉菜单打开后，可转动多功能旋钮（↻）选择相应的项目并按下予以确认。功能菜单上、下有 "↑" "↓" 符号，表明功能菜单一页未显示完，可操作按键上、下翻页。功能菜单中有↻符号，表明该项参数可转动多功能旋钮进行设置调整。按下取消功能菜单按钮，显示屏上的功能菜单立即消失。

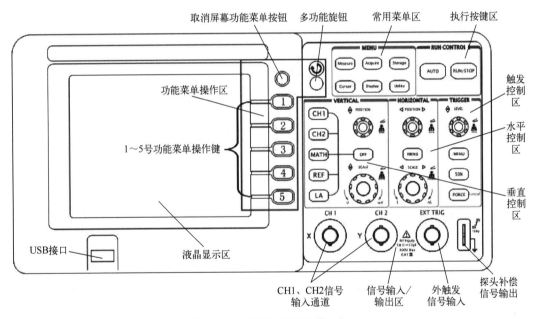

图 2-4　数字示波器前操作面板

执行按键区有 AUTO（自动设置）和 RUN/STOP（运行/停止）两个按键。按下 AUTO 按键，示波器将根据输入的信号，自动设置和调整垂直、水平及触发方式等各项控制值，使波形显示达到最佳适宜观察状态，如需要，还可进行手动调整。按下 AUTO 按键后，菜单显示及功能如图 2-6 所示。RUN/STOP 按键为运行/停止波形采样按键。运行（波形采样）状态时，按键为黄色；按一下按键，停止波形采样且按键变为红色，有利于绘制波形并可在一定范围内调整波形的垂直衰减和水平时基，再按一下，恢复波形采样状态。注意：应用自动设置功能时，要求被测信号的频率大于或等于 50 Hz，占空比大于 1%。

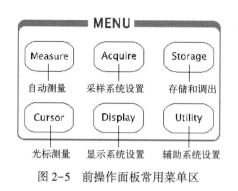

图 2-5 前操作面板常用菜单区

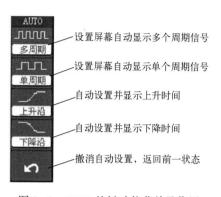

图 2-6 AUTO 按键功能菜单及作用

　　垂直控制区如图 2-7 所示。垂直位置⊙POSITION 旋钮可设置所选通道波形的垂直显示位置。转动该旋钮不但显示的波形会上下移动，且所选通道的"地"（GND）标识也会随波形上下移动并显示于屏幕左状态栏，移动值则显示于屏幕左下方；按下垂直⊙POSITION 旋钮，垂直显示位置快速恢复到零点（即显示屏水平中心位置）处。垂直衰减⊙SCALE 旋钮调整所选通道波形的显示幅度。转动该旋钮改变"V/div（伏/格）"垂直档位，同时下状态栏对应通道显示的幅值也会发生变化。CH1、CH2、MATH 及 REF 为通道或方式按键，按下某按键，屏幕将显示其功能菜单、标志、波形和档位状态等信息。OFF 键用于关闭当前选择的通道。

　　水平控制区如图 2-8 所示，主要用于设置水平时基。水平位置⊙POSITION 旋钮调整信号波形在显示屏上的水平位置，转动该旋钮不但波形随旋钮而水平移动，且触发位移标志"T"也在显示屏上部随之移动，移动值则显示在屏幕左下角；按下此旋钮触发位移恢复到水平零点（即显示屏垂直中心位置）处。水平衰减⊙SCALE 旋钮改变水平时基档位设置，转动该旋钮改变"s/div（秒/格）"水平档位，下状态栏 Time 后显示的主时基值也会发生相应的变化。水平扫描速度从 20 ns～50 s，以 1-2-5 的形式步进。按动水平⊙SCALE 旋钮可快速打开或关闭延迟扫描功能。按水平功能菜单 MENU 键，显示 TIME 功能菜单，在此菜单下，可开启/关闭延迟扫描，切换 Y（电压）-T（时间）、X（电压）-Y（电压）和 ROLL（滚动）模式，设置水平触发位移复位等。

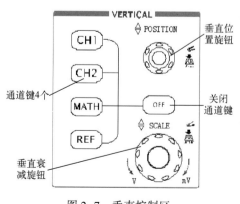

图 2-7 垂直控制区

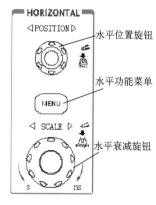

图 2-8 水平控制区

触发控制区如图2-9所示，主要用于触发系统的设置。转动⊙LEVEL触发电平设置旋钮，屏幕上会出现一条上下移动的水平黑色触发线及触发标志，且左下角和上状态栏最右端触发电平的数值也随之发生变化。停止转动⊙LEVEL旋钮，触发线、触发标志及左下角触发电平的数值会在约5 s后消失。按下⊙LEVEL旋钮触发电平快速恢复到零点。按MENU键可调出触发功能菜单，改变触发设置。50%按键，设定触发电平在触发信号幅值的垂直中点。按FORCE键，强制产生一触发信号，主要用于触发方式中的"普通"和"单次"模式。

信号输入/输出区如图2-10所示，"CH1"和"CH2"为信号输入通道，EXT TREIG为外触发信号输入端，最右侧为示波器校正信号输出端（输出频率1 kHz、幅值3 V的方波信号）。

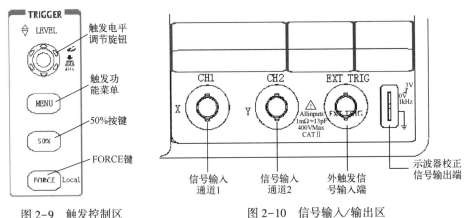

图2-9  触发控制区          图2-10  信号输入/输出区

### 2. DS1072U 数字示波器显示界面说明

DS1072U数字示波器显示界面如图2-11所示，主要包括波形显示区和状态显示区。液晶屏边框线以内为波形显示区，用于显示信号波形、测量数据、水平位移、垂直位移和触发电平值等。位移值和触发电平值在转动旋钮时显示，停止转动5 s后则消失。显示屏边框线以外为上、下、左三个状态显示区（栏）。下状态栏通道标志为黑底的是当前选定通道，操作示波器面板上的按键或旋钮只对当前选定通道有效，按下通道按键则可选定被按下的通道。状态显示区显示的标志位置及数值随面板相应按键或旋钮的操作而变化。

### 3. 使用要领和注意事项

1）信号接入方法。以CH1通道为例介绍信号接入方法。

① 将探头上的开关设定为10X，将探头连接器上的插槽对准CH1插口并插入，然后向右旋转拧紧。

② 设定示波器探头衰减系数。探头衰减系数改变仪器的垂直档位比例，因而直接关系测量结果的正确与否。默认的探头衰减系数为1X，设定时必须使探头上的黄色开关的设定值与输入通道"探头"菜单的衰减系数一致。此时应选择并设定为10X。

③ 把探头端部和接地夹接到函数信号发生器或示波器校正信号输出端。按AUTO（自动设置）键，几秒钟后，在波形显示区即可看到输入函数信号或示波器校正信号的波形。

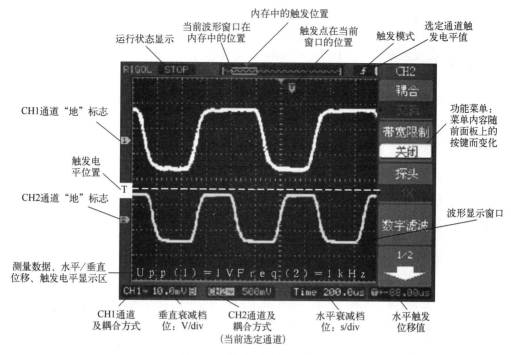

图 2-11　数字示波器显示界面

用同样的方法检查并向 CH2 通道接入信号。

2）为了加速调整，便于测量，当被测信号接入通道时，可直接按 AUTO 键以便立即获得合适的波形显示和档位设置等。

3）示波器的所有操作只对当前选定（打开）通道有效。通道选定（打开）方法：按CH1 或 CH2 按钮即可选定（打开）相应通道，并且下状态栏的通道标志变为黑底。关闭通道的方法：按 OFF 键或再次按下通道按钮当前选定通道即被关闭。

4）数字示波器的操作方法类似于操作计算机，其操作分为三个层次。第一层：按下前面板上的功能键即进入不同的功能菜单或直接获得特定的功能应用；第二层：通过 5 个功能菜单操作键选定屏幕右侧对应的功能项目或打开子菜单或转动多功能旋钮◯调整项目参数；第三层：转动多功能旋钮◯选择下拉菜单中的项目并按下◯对所选项目予以确认。

5）使用时应熟悉并通过观察上、下、左状态栏来确定示波器设置的变化和状态。

**4. 数字示波器的高级应用**

（1）垂直系统的高级应用

1）通道设置：该示波器 CH1 和 CH2 通道的垂直菜单是独立的，每个项目都要按不同的通道进行单独设置，但两个通道功能菜单的项目及操作方法完全相同。现以 CH1 通道为例予以说明。

按 CH1 键，屏幕右侧显示 CH1 通道的功能菜单如图 2-12 所示。

2）通道耦合方式设置：假设被测信号是一个含有直流偏移的正弦信号，其设置方法是，按 CH1→耦合→交流/直流/接地，分别设置为交流、直流和接地耦合方式，注意观察波形显示及下状态栏通道耦合方式符号的变化。

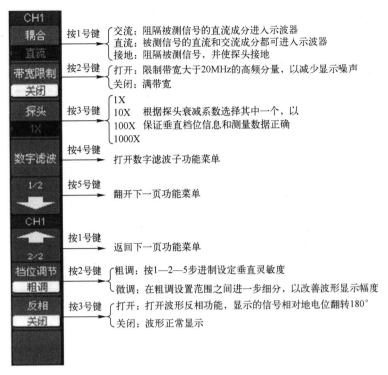

图 2-12　通道菜单功能及说明

3）通道带宽限制设置：假设被测信号是一含有高频振荡的脉冲信号。其设置方法是，按 CH1→带宽限制→关闭/打开，分别设置带宽限制为关闭/打开状态。前者允许被测信号含有的高频分量通过，后者则阻隔大于 20 MHz 的高频分量。注意观察波形显示及下状态栏垂直衰减档位之后带宽限制符号的变化。

4）调整探头衰减比例：为了配合探头衰减系数，需要在通道功能菜单调整探头衰减比例。如探头衰减系数为 10∶1，示波器输入通道探头的比例也应设置成 10X，以免显示的档位信息和测量的数据发生错误。

5）垂直档位调节设置：垂直灵敏度调节范围为 2 mV/div ~ 5 V/div。档位调节分为粗调和微调两种模式。粗调以 2 mV/div、5 mV/div、10 mV/div、20 mV/div、…、5 V/div 的步进方式调节垂直档位灵敏度。微调指在当前垂直档位下进一步细调。如果输入的波形幅度在当前档位略大于满刻度，而应用下一档位波形显示幅度稍低，可用微调改善波形显示幅度，以利于观察信号的细节。

6）波形反相设置：波形反相关闭，显示正常被测信号波形；波形反相打开，显示的被测信号波形相对于地电位翻转 180°。

7）数字滤波设置：按数字滤波对应的 4 号功能菜单操作键，打开 Filter（数字滤波）子功能菜单，可选择滤波类型，如图 2-13 所示；转动多功能旋钮（↻）可调节频率上限和下限；设置滤波器的带宽范围等。

8）MATH（数学运算）按键功能：数学运算（MATH）可显示 CH1、CH2 通道波形相加、相减、相乘以及 FFT（傅里叶变换）运算的结果。数学运算结果同样可以通过栅格或光标进行测量。

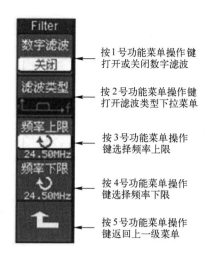

| 功能菜单 | 设定 | 说明 |
|---|---|---|
| 数字滤波 | 关闭 | 关闭数字滤波器 |
| | 打开 | 打开数字滤波器 |
| 滤波类型 | ⌐f | 设置为低通滤波器 |
| | ⌐f | 设置为高通滤波器 |
| | ⌐f | 设置为带通滤波器 |
| | ⌐f | 设置为带阻滤波器 |
| 频率上限 | ↻（上限频率） | 转动多功能旋钮↻设置频率上限 |
| 频率下限 | ↻（下限频率） | 转动多功能旋钮↻设置频率下限 |
| ⬑ | | 返回上一级菜单 |

图 2-13　数字滤波子功能菜单及说明

9）垂直◎POSITION 和◎SCALE 旋钮的使用：

① 垂直◎POSITION 旋钮调整所有通道（含 MATH 和 REF）波形的垂直位置。该旋钮的解析度根据垂直档位而变化，按下此旋钮，选定通道的位移立即回零。

② 垂直◎SCALE 旋钮调整所有通道（含 MATH 和 REF）波形的垂直显示幅度。粗调以 1—2—5 步进方式确定垂直档位灵敏度。顺时针增大显示幅度，逆时针减小显示幅度。细调是在当前档位进一步调节波形的显示幅度。按动垂直◎SCALE 旋钮，可在粗调、微调间切换。

调整通道波形的垂直位置时，屏幕左下角会显示垂直位置信息。

（2）水平系统的高级应用

1）水平◎POSITION 和◎SCALE 旋钮的使用：

① 转动水平◎POSITION 旋钮，可调节通道波形的水平位置。按下此旋钮触发位置立即回到屏幕中心位置。

② 转动水平◎SCALE 旋钮，可调节主时基，即 s/div；当延迟扫描打开时，转动水平◎SCALE 旋钮可改变延迟扫描时基以改变窗口宽度。

2）水平 MENU 键的使用：按下水平 MENU 键，显示水平功能菜单，如图 2-14 所示。在 X-Y 方式下，自动测量模式、光标测量模式、REF 和 MATH、延迟扫描、矢量显示类型、水平◎POSITION 旋钮、触发控制等均不起作用。

延迟扫描用来放大某一段波形，以便观测波形的细节。在延迟扫描状态下，波形被分成上、下两个显示区，如图 2-15 所示。上半部分显示的是原波形，中间黑色覆盖区域是被水平扩展的波形部分。此区域可通过转动水平◎POSITION 旋钮左右移动或转动水平◎SCALE 旋钮扩大和缩小。下半部分是对上半部分选定区域波形的水平扩展即放大。由于整个下半部分显示的波形对应于上半部分选定的区域，因此转动水平◎SCALE 旋钮减小选择区域可以提高延迟时基，即提高波形的水平扩展倍数。可见，延迟时基相对于主时基提高了分辨率。

按下水平◎SCALE 旋钮可快速退出延迟扫描状态。

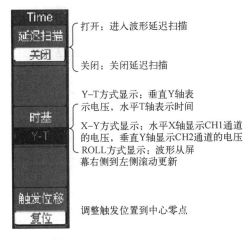

图 2-14　水平 MENU 菜单

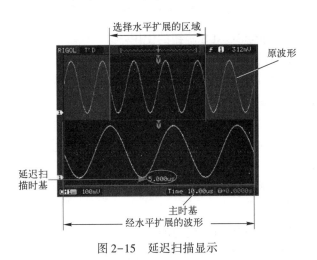

图 2-15　延迟扫描显示

（3）触发系统的高级应用

触发控制区包括触发电平调节旋钮⊙LEVEL、触发菜单按键 MENU、50%按键和强制按键 FORCE。

触发电平调节旋钮⊙LEVEL：设定触发点对应的信号电压，按下此旋钮可使触发电平立即回零。

50%按键：按下触发电平设定在触发信号幅值的垂直中点。

FORCE 按键：按下强制产生一触发信号，主要用于触发方式中的"普通"和"单次"模式。

MENU 按键为触发系统菜单设置键。其功能菜单、下拉菜单及子菜单如图 2-16 所示。下面对主要触发菜单予以说明。

1）触发模式。

① 边沿触发：在输入信号边沿的触发阈值上触发。选择"边沿触发"后，还应选择是在输入信号的上升沿、下降沿还是上升和下降沿触发。

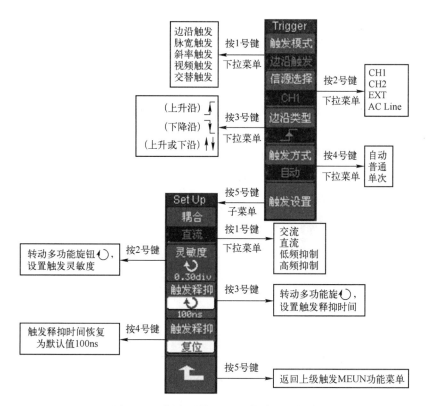

图 2-16 触发系统 MENU 菜单及子菜单

② 脉宽触发：根据脉冲的宽度来确定触发时刻。当选择脉宽触发时，可以通过设定脉宽条件和脉冲宽度来捕捉异常脉冲。

③ 斜率触发：把示波器设置为对指定时间的正斜率或负斜率触发。选择斜率触发时，还应设置斜率条件、斜率时间等，还可通过 ⊙LEVEL 旋钮调节 LEVEL A、LEVEL B 或同时调节 LEVEL A 和 LEVEL B。

④ 视频触发：选择视频触发后，可在 NTSC、PAL 或 SECAM 标准视频信号的场或行上触发。视频触发时触发耦合应设置为直流。

⑤ 交替触发：在交替触发时，触发信号来自于两个垂直通道，此方式适用于同时观察两路不相关信号。在交替触发菜单中，可为两个垂直通道选择不同的触发方式、触发类型等。在交替触发方式下，两通道的触发电平等信息会显示在屏幕右上角状态栏中。

2）触发方式。触发方式有三种：自动、普通和单次。

① 自动：自动触发方式下，示波器即使没有检测到触发条件也能采样波形。示波器在一定等待时间（该时间由时基设置决定）内没有触发条件发生时，将进行强制触发。当强制触发无效时，示波器虽显示波形，但不能使波形同步，即显示的波形不稳定。当有效触发发生时，显示的波形将稳定。

② 普通：在普通触发方式下，示波器只有当触发条件满足时才能采样到波形。在没有触发时，示波器将显示原有波形而等待触发。

③ 单次：在单次触发方式下，按一次"运行"按钮，示波器等待触发，当示波器检测到一次触发时，采样并显示一个波形，然后采样停止。

3）触发设置。在 MENU 功能菜单下，按 5 号键进入触发设置子菜单，可对与触发相关的选项进行设置。触发模式、触发方式、触发类型不同，可设置的触发选项也有所不同。此处不再赘述。

（4）存储和调出功能的高级应用

在常用菜单区按 Storage 键，弹出存储和调出功能菜单，如图 2-17 所示。通过该菜单及相应的下拉菜单和子菜单可对示波器内部存储区和 USB 存储设备上的波形和设置文件等进行保存、调出和删除操作，操作的文件名称支持中、英文输入。

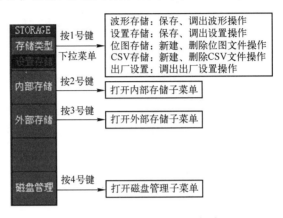

图 2-17　存储与调出功能菜单

存储类型选择"波形存储"时，其文件格式为 wfm，只能在示波器中打开；存储类型选择"位图存储"和"CSV 存储"时，还可以选择是否以同一文件名保存示波器参数文件（文本文件），"位图存储"文件格式是 bmp，可用图片软件在计算机中打开，"CSV 存储"文件为表格，Excel 可打开，并可用其"图表导向"工具转换成需要的图形。

"外部存储"只有在 USB 存储设备插入时，才能被激活进行存储文件的各种操作。

（5）辅助系统功能的高级应用

常用菜单区的 Utility 键为辅助系统功能按键。在弹出的功能菜单中，可以进行接口设置、打印设置和屏幕保护设置等，可以打开或关闭示波器按键声、频率计等，可以选择显示的语言文字、波特率值等，还可以进行波形的录制与回放等。

（6）显示系统的高级应用

在常用菜单区按 Display 键，弹出显示系统功能菜单。通过功能菜单控制区的 5 个按键及多功能旋钮○可设置调整显示系统，如图 2-18 所示。

（7）自动测量功能的高级应用

在常用菜单区按 Measure（自动测量）键，弹出自动测量功能菜单。其中，电压测量参数有峰峰值（波形最高点至最低点的电压值）、最大值（波形最高点至 GND 的电压值）、最小值（波形最低点至 GND 的电压值）、幅值（波形顶端至底端的电压值）、顶端值（波形平顶至 GND 的电压值）、底端值（波形平底至 GND 的电压值）、过冲（波形最高点与顶端值之差与幅值的比值）、预冲（波形最低点与底端值之差与幅值的比值）、平均值（1 个周期内信号的平均幅值）以及方均根值（有效值）共 10 种；时间测量有频率、周期、上升时间（波形幅度从 10% 上升至 90% 所经历的时间）、下降时间（波形幅度从 90% 下降至 10% 所经历的时间）、正脉宽（正脉冲在 50% 幅度时的脉冲宽度）、负脉宽（负脉冲在 50% 幅度时的脉冲宽度）、延迟 1→2 ↑（CH1、CH2 通道相对于上升沿的延时）、延迟 1→2 ↓（CH1、CH2 通道相对于下降沿的延时）、正占空比（正脉宽与周期的比值）以及负占空比（负脉宽与周期的比值）共 10 种。

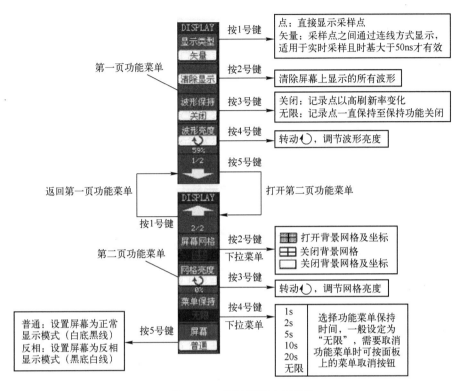

图 2-18　显示系统功能菜单

自动测量操作方法如下：

1）选择被测信号通道。根据信号输入通道不同，选择 CH1 或 CH2。按键顺序为 Measure→信源选择→CH1 或 CH2。

2）获得全部测量数值。按键顺序为 Measure→信源选择→CH1 或 CH2→5 号功能菜单操作键，设置"全部测量"为打开状态。18 种测量参数值显示于屏幕下方。

3）选择参数测量。按键顺序为 Measure→信源选择→CH1 或 CH2→2 号或 3 号功能菜单操作键选择测量类型，转⟳旋钮查找下拉菜单中感兴趣的参数并按下⟳旋钮予以确认，所选参数的测量结果将显示在屏幕下方。

4）清除测量数值。在 Measure 菜单下，按 4 号功能菜单操作键选择清除测量。此时，屏幕下方所有测量值即消失。

**5. 数字示波器测量实例**

用数字示波器进行任何测量前，都先要将 CH1、CH2 探头菜单衰减系数和探头上的开关衰减系数设置一致。

例如，观测电路中一未知信号，显示并测量信号的频率和峰峰值。其方法和步骤如下。

（1）正确捕捉并显示信号波形

1）将 CH1 或 CH2 的探头连接到电路被测点。

2）按 AUTO（自动设置）键，示波器将自动设置使波形显示达到最佳。在此基础上，可以进一步调节垂直、水平档位，直至波形显示符合要求。

（2）进行自动测量

示波器可对大多数显示信号进行自动测量。现以测量信号的频率和峰峰值为例。

1）测量峰峰值。按 Measure 键以显示自动测量功能菜单→按 1 号功能菜单操作键选择信源 CH1 或 CH2→按 2 号功能菜单操作键选择测量类型为电压测量，并转动多功能旋钮◯在下拉菜单中选择峰峰值，按下◯予以确认。此时，屏幕下方会显示出被测信号的峰峰值。

2）测量频率。按 3 号功能菜单操作键，选择测量类型为时间测量，转动多功能旋钮◯在时间测量下拉菜单中选择频率，按下◯予以确认。此时，屏幕下方峰峰值后会显示出被测信号的频率。

测量过程中，当被测信号变化时测量结果也会随之改变。当信号变化太大，波形不能正常显示时，可再次按 AUTO 键，搜索波形至最佳显示状态。

（3）捕捉单次信号

用数字示波器可以快速方便地捕捉脉冲、突发性毛刺等非周期性的信号。要捕捉一个单次信号，先要对信号有一定的了解，以正确设置触发电平和触发沿。例如，若脉冲是 TTL 电平的逻辑信号，触发电平应设置为 2 V，触发沿应设置成上升沿。如果对信号的情况不确定，则可以通过自动或普通触发方式先对信号进行观察，以确定触发电平和触发沿。捕捉单次信号的具体操作步骤和方法如下：

1）按触发（TRIGGER）控制区 MENU 键，在触发系统功能菜单下分别按 1~5 号功能菜单操作键设置触发类型为边沿触发、边沿类型为上升沿、信源选择为 CH1 或 CH2、触发方式为单次、触发设置→耦合为直流。

2）调整水平时基和垂直衰减档位至适合的范围。

3）旋转触发（TRIGGER）控制区 ◉LEVEL 旋钮，调整适合的触发电平。

4）按 RUN/STOP 执行钮，等待符合触发条件的信号出现。如果有某一信号达到设定的触发电平，即采样一次，并显示在屏幕上。

5）旋转水平控制区（HORIZONTAL）◉POSITION 旋钮，改变水平触发位置，以获得不同的负延迟触发，观察毛刺发生之前的波形。

（4）减少信号随机噪声的方法

如果被测信号上叠加了随机噪声，可以通过调整示波器的设置，滤除和减小噪声，避免其在测量中对本体信号的干扰。其方法如下：

1）设置触发耦合改善触发。按下触发（TRIGGER）控制区 MENU 键，在弹出的触发设置菜单中将触发耦合选择为低频抑制或高频抑制。低频抑制可滤除 8 kHz 以下的低频信号分量，允许高频信号分量通过；高频抑制可滤除 150 kHz 以上的高频信号分量，允许低频信号分量通过。通过设置低频抑制或高频抑制可以分别抑制低频或高频噪声，以得到稳定的触发。

2）设置采样方式和调整波形亮度减少显示噪声。按常用菜单区 Acquire 键，显示采样设置菜单。按 1 号功能菜单操作键设置获取方式为平均，然后按 2 号功能菜单操作键调整平均次数，依次由 2~256 以 2 倍数步进，直至波形的显示满足观察和测试要求。转动◯旋钮降低波形亮度以减少显示噪声。

# 第 3 章　常用电子元器件的识别与检测

## 3.1　电阻

**1. 色环电阻**

（1）认识元件

1）文字符号：R。

2）作用：稳压、稳流、分压和分流。

3）标称：$1\,M\Omega = 1000\,k\Omega = 10^6\,\Omega$（兆欧/千欧/欧姆）。

① 阻值色标法。采用不同颜色的色环或点在电阻表面标出标称阻值和允许误差，从各个角度都能看清楚，适合于体积小的电阻。颜色所代表的数字含义见表 3-1。

表 3-1　色环表示的意义

| 颜色 | 有效数字 | 倍率 | 允许误差 | 颜色 | 有效数字 | 倍率 | 允许误差 |
|---|---|---|---|---|---|---|---|
| 黑 | 0 | $10^0$ | — | 紫 | 7 | $10^7$ | ±0.1% |
| 棕 | 1 | $10^1$ | ±1% | 灰 | 8 | $10^8$ | — |
| 红 | 2 | $10^2$ | ±2% | 白 | 9 | $10^9$ | — |
| 橙 | 3 | $10^3$ | — | 金 | — | $10^{-1}$ | ±5% |
| 黄 | 4 | $10^4$ | — | 银 | — | $10^{-2}$ | ±10% |
| 绿 | 5 | $10^5$ | ±0.5% | 无色 | | | ±20% |
| 蓝 | 6 | $10^6$ | ±0.25% | | | | |

色标法分为四色环电阻器和五色环电阻器两种。

四环电阻：普通电阻。第一、二环为阻值的有效数字，第三环为倍乘数（即有效数字后所加的 0 的个数），第四环为偏差（通常为金色或银色），如图 3-1 所示。

第一棕环表示 1，第二黑环表示 0，第三棕环表示加 1 个 0，第四金环表示 ±5% 的误差。因此该电阻的阻值为 $100\Omega$（1±5%）。

五环电阻：精密电阻。第一、二、三环为阻值的有效数字，第四环为倍乘数，第五环为偏差（**通常最后一条与前面四条之间距离较大**），如图 3-2 所示。

第一黄环表示 4，第二紫环表示 7，第三黑环表示 0，第四棕环表示 1，第五棕环表示 ±1% 的误差。该电阻的阻值为 $470 \times 10^1\,\Omega$（1±1%）。

② 阻值直标法。在电阻的表面直接用数字和单位符号标出电阻的标称阻值，其允许误差直接用百分数表示，一目了然，不适合于体积小的电阻。

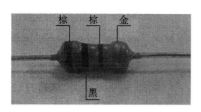

图 3-1　四环电阻

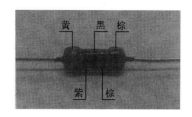

图 3-2　五环电阻

③ 电阻额定功率。有电流流过时，电阻器便会发热，而温度过高时电阻器将会因功率不够而烧毁。所以不但要选择合适的电阻值，而且还要正确选择电阻器的额定功率。在电路图中，不加功率标注的电阻器通常为 1/8 W。不同功率电阻器的体积是不同的，一般来说，电阻器的功率越大体积就越大。

（2）检测

一看：外形是否端正，阻值标称是否清晰完好。

二测：用万用表的电阻档进行测量。先根据色环判断电阻的大约阻值，再选择不同的电阻档位进行测量。如果阻值为 0 或者 ∞，表示该电阻已经损坏。

注意：测量时不能带电测量，不能用双手同时去接触电阻的两个引脚（或表笔的金属部分），以防将人体电阻并联在被测电阻两端，影响测量结果。

**2. 电位器（可调电阻）**

（1）认识元件

1）符号：RP

2）作用：通过旋转轴或滑动臂来调节阻值，阻值变化范围为 0~R。

3）标称：多采用阻值直标法。

（2）检测

一看：外形是否端正，阻值标称是否清晰完好，转轴是否灵活，松紧是否适当。

二测：测标称阻值和测电阻变化。

① 根据标称值选择万用表电阻档的量程。

② 先按图 3-3 所示方法测"1""3"两端，其读数应为电位器的标称阻值。

③ 测"1""2"或"3""2"两端，将电位器的转轴逆时针旋转，指标应平滑移动，电阻值逐渐减小；若将电位器的转轴顺时针旋转，电阻值应逐渐增大，直至接近电位器的标称值。

④ 如在检测过程中，万用表读数有断续或跳动现象，说明该电位器存在着活动触点接触不良或阻值变化不匀问题。

图 3-3　电位器检测

**3. 光敏电阻**

（1）认识元件

1）符号：RL

2）作用：利用光敏感材料的内光电效应制成的光电元件，作开关式光电信号传感元件。

3）特点：精度高、体积小、性能稳定、价格低。**光照越强，阻值越小。无极性。**

4）选用：根据实际应用电路的需要来选择暗阻、亮阻合适的光敏电阻器。通常选择阻值变化大、额定功率大于实际耗散功率、时间常数较小的光敏电阻。

（2）检测

1）极性识别：无极性。

2）质量检测：光敏电阻一般亮电阻为几千欧甚至 1 kΩ 以下，暗电阻可达几兆欧以上，因此可以用万用表 R×1 k 档测量在不同的光照下光敏电阻器的阻值变化情况来判断其性能好坏。

① 将指针式万用表置于 R×1 k 档。

② 用鳄鱼夹代替表笔分别夹住光敏电阻器的两根引线。

③ 用一只手或黑纸片反复做遮住光敏电阻器的受光面、然后移开的动作。

④ 观察万用表在光敏电阻器的受光面被遮住前后的变化情况，若读数变化明显，则光敏电阻器性能良好；若读数变化不明显，则将光敏电阻器的受光面靠近电灯，增加光照强度，同时再观察万用表读数变化情况，如果读数变化明显，则光敏电阻器灵敏度较低；若读数仍无明显变化，说明光敏电阻器已失效。

**4. 热敏电阻**

（1）认识元件

1）符号：RT

2）作用：新型半导体测温元件，在温度的作用下，热敏电阻器的有关参数将发生变化，从而变成电量输出。

3）特点：灵敏度高、精度高、制造工艺简单、体积小、用途广泛。无极性。

4）选用：选标称阻值与实际应用电路的需求相一致及额定功率大于实际耗散功率且温度系数较大的热敏电阻器。

（2）检测

1）极性识别：无极性。

2）质量检测：由于热敏电阻器对温度的敏感性高，所以不宜用万用表来测量它的阻值，因为万用表的工作电流较大，电流流过热敏电阻器会使其发热而使阻值发生变化，因此用万用表只能做热敏电阻器好坏的检测。方法如下：

① 根据热敏电阻的标称值将指针式万用表的电阻档调至适当档位。

② 用鳄鱼夹代替表笔分别夹住热敏电阻器的两根引线。

③ 用手握住热敏电阻器的电阻或用电烙铁靠近热敏电阻对其加热。

④ 观察万用表读数在热敏电阻器加热前后的变化情况，若读数无明显变化，则热敏电阻器已失效；若读数变化明显，则热敏电阻器可以使用。

# 3.2　电容

1）文字符号：C。

2）作用：储能元件，旁路，耦合，隔直流通交流，隔低频通高频。

**1. 电解电容**

（1）认识元件

1）图形符号：

2）特点：有极性，体积大。

3）标称：直标法。将电容值和耐压值直接标注在电容体上。

$1 F = 10^6 \mu F = 10^9 nF = 10^{12} pF$（法/微法/纳法/皮法）

（2）检测

1）极性识别：电解电容有两个引脚，一般长脚为正极，短脚为负极。电容器的外壳上标有"–"号的一端为负极，另一端为正极。

2）质量检测1~47 μF 间的电解电容器可选用万用表电阻 R×1 k 档；

47~1000 μF 间的电解电容器可选用万用表电阻 R×100 档。

① 测量前要将电容的两个引脚相接放电。

② 用表笔接触电解电容的两极。在接触的瞬间表针向小电阻值摆动后回摆到一定位置，此时的数值越大，电容性能越好。一般正常的电容能回摆到∞。

③ 如果最大指示不是∞说明电容器漏电，$R$ 越小，漏电越大；指标指到 0 不回摆说明电容器短路击穿；表针不动说明失去容量。

注意：检测时，手指不要同时接触被测电解电容器的两个引脚。否则，将使万用表指针回不到无穷大的位置；在实际使用中，要求极性必须正确安装，否则，可能引起电解电容击穿或爆炸。

**2. 瓷片电容**

（1）认识元件

1）图形符号：

2）特点：无极性，体积小，高频性优越。

3）作用：多用于高频振荡与回路。

4）标称：数码表示法。一般用三个数字表示电容值，单位是 pf。前两位表示电容量的两位有效数字，最后一位是有效数字中零的个数。注意：如果最后一位数字是 9，则表示 $10^{-1}$。

如：333→33000 pF = 0.033 μF，339→33×$10^{-1}$ pF。

（2）检测

粗略测量也可用指针式万用表电阻档 10 k 量程，快速反复调换表笔测量，正常情况下，每次测量指针应摆动一点再回到原位。

**3. 可调电容**

（1）认识元件

1）图形符号：

2）标称：数码表示法。

3）特点：无极性。

（2）检测

可变电容器动片与定片之间的距离很小，很容易因碰片而短路。可用万用表电阻档进行碰片检测。

① 用万用表 R×10 k 档，将红、黑表笔分别接在定片和动片脚上，慢慢转动转轴，若表针摆动，说明电容器在这位置上短路碰片了。若动片不管转到哪里，表针都指在∞位置，说明此电容器是正常的。

② 可变电容只能转动 180°。如果电容器能转过 360°，说明定位脚已经损坏了。

③ 电容器碰片之后，首先要检查动片与定片之间的间隔距离是否均匀一致。如果发现个别动片或定片有歪斜或扭曲，用薄刀片拨正即可。

如发现电容器的一组或两组定片全部弯曲或偏向一边，检修时，只要把动片全部旋入，在动、定片之间插进一片薄纸，使动、定片处于正中位置，然后将定片两端的支点重新焊好，或者检查螺钉并将其旋紧即可消除故障。

**4. 双联电容**

（1）认识元件

1）图形符号：

2）特点：两个同步调节的可变电容。它们的可调部分共享同一个调节轴。无极性。

3）标称：数码表示法。

（2）检测

检测方法同可调电容。

# 3.3 电感

（1）认识元件

1）符号：L

2）标称：直标法。单位为 $1\ H = 10^3\ mH = 10^6\ \mu H$（亨利/毫亨/微亨）。

3）作用：隔交通直、滤波、变压器制作等。

（2）检测

1）极性识别：无极性。

2）质量检测：可用万用表电阻档测试电感线圈的直流电阻。正常的电感线圈的直流电阻很小，若测量出的直流电阻很大，说明电感线圈已断路。

# 3.4 二极管

**1. 整流二极管**

（1）认识元件

1）符号：VD

2）标称：直接标注在二极管体上。

3）特性：单向导电性。

4）作用：整流、限幅、检波。

（2）检测

1）极性识别：外壳有一条色带（银色或黑色）标志的一端为二极管的负极，另一端为二极管的正极。

2）质量检测：选用万用表电阻 R×1k 档测量二极管的正、反向电阻。

万用表的红表笔接二极管的正极，黑表笔接二极管的负极，测量反向电阻值为几百千欧以上，接近"∞"。

万用表的黑表笔接二极管的正极，红表笔接二极管的负极，测量正向电阻值为几千欧。

正反向电阻值同样大，说明内部断路；正反向电阻值同样小，说明内部短路。

（3）选用

根据主要参数，即最大整流电流、最高反向工作电压、反向漏电流进行选择。

注意：测量小功率二极管时，不宜使用 R×1 或 R×10k 档。因 R×1 档电流太大，R×10k 档电压过高，都容易烧坏管子。

**2. 稳压二极管**

（1）认识元件

1）符号：VS

2）标称：型号直接标注在管体上。

3）作用：稳定电压。

4）特点：工作在反向击穿状态下不导致损坏的硅二极管。一旦撤销工作电压后，便能恢复原来状态，且其击穿是可逆的。

（2）检测

1）极性识别：外壳上有一条色带（黑）标志的一端为稳压二极管的负极，另一端为正极。

2）质量检测：选用万用表电阻 R×1k 档测量稳压二极管的正、反向电阻。

万用表的黑表笔接稳压二极管的正极，红表笔接稳压二极管的负极，测量正向电阻为几十千欧。

万用表的红表笔接稳压二极管的正极，黑表笔接稳压二极管的负极，测量反向电阻为几百千欧以上，接近"∞"。

（3）选用

稳定电压值应能满足实际应用电路的需要；工作电流变化时的电流值上限不能超过被选稳压二极管的最大稳定电流值。

能够稳定电压的基本条件如下：

1）管子两端需加上一个大于其击穿电压的反向电压。

2）采取适当措施限制击穿后的反向电流值，例如，将管子与一个适当的电阻串联后，再反向接入电路中。

**3. 发光二极管（可见光）**

（1）认识元件

1）符号：VL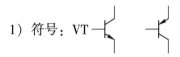

2）作用：把电能变成光能，广泛用于各类电器及仪器仪表中。

3）特点：通过一定的电流时就会发光。体积小、工作电压低、工作电流小。

（2）检测

1）极性识别：长脚的为正极，短脚的为负极。

2）质量检测：选用万用表电阻 R×100 或 R×1k 档。交换表笔测量，两次测量结果一大一小。黑表笔接二极管正极，红表笔接二极管负极，正向阻值较小，一般为几千欧；红表笔接二极管正极，黑表笔接二极管负极，正向阻值较大，接近"∞"。

（3）选用

不能让发光二极管的亮度太高（即工作电流太大），否则容易使发光二极管早衰而影响使用寿命。

## 3.5 晶体管

（1）认识元件

1）符号：VT

2）作用：电流放大、功率放大。

3）特点

① 三种工作状态：放大（发射结正偏，集电结反偏）；饱和（发射结正偏，集电结正偏）；截止（发射结反偏，集电结反偏）。

② 两种类型：PNP、NPN。

③ 三个引脚：基极（b）、集电极（c）和发射极（e）。

④ 小电流（基极电流）控制输出大电流。

（2）检测

1）引脚识别见表3-2。

表3-2 晶体管引脚识别

| 封装形式 | 外　形 | 引脚排列位置 | 分布特征说明 |
|---|---|---|---|
| 塑料封装 | 切角面 e b c | e b c | 面对切角面，引脚向下，从左到右为 e、b、c |

| 封装形式 | 外　　形 | 引脚排列位置 | 分布特征说明 |
|---|---|---|---|
| 塑料封装 | | | 平面朝向自己，引脚向下，从左到右为 e、b、c |
| | | | 面对管子有标注的一面，散热片为管子背面，引脚向下，从左到右为 b、c、e |
| 金属封装 | | | 面对管底，引脚向上，由定位标志起，顺时针方向，引脚分别为 e、b、c |
| | | | 面对管底，引脚向上，使三个引脚呈等边三角形，顶点向上，顺时针方向，引脚分别为 e、b、c |
| | | | 面对管底，使引脚均位于左侧，下面的引脚为 b、上面的引脚为 e，管壳为 c，管壳上两个安装孔用来固定晶体管 |

2）极性及质量检测。万用表置于 R×1 k 档。

① 判定基极 b：任意假定一个电极是基极 b，用黑（红）表笔与假定的基极 b 相接，红（黑）表笔分别与另外两个电极相接，如果两次测得电阻均很小，则黑（红）表笔所接的就是基极 b，且管子为 NPN（PNP）。

② 判定集电极 c 和发射极 e：假设剩下的两个引脚其中一个是集电极 c，用手将假设的 c 和已经判断出来的 b 捏起来（注意不要让两个引脚相碰），将黑（红）表笔接在假设的 c 上，红（黑）笔接假设的 e，记下此次的读数，然后将原来假设的 c 和 e 调换，用同样的方法再测量一次，比较两次的读数，小阻值的一次黑（红）笔所接的引脚是实际的 c，另外一个是实际的 e。

注意：这种方法既可以判断晶体管的极性，也能检测晶体管的质量。

（3）选用

根据其电流放大倍数、极间反向电流、极限参数和特性频率进行选择。

## 3.6　三端集成稳压器

（1）认识元件

1）特点：集成稳压器具有体积小、外围元件少、性能稳定可靠、使用调整方便和价廉等优点。

2）外形：三端集成稳压器外形如图3-4所示。

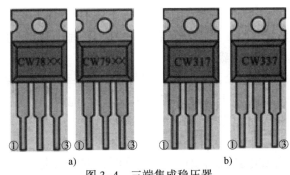

图3-4　三端集成稳压器

a）固定输出式　b）可调试

（2）检测

1）引脚识别：三端集成稳压器有固定输出式和可调式。

固定输出式三端稳压器有三个接线端，即输入端、输出端及公共端。

CW78××系列是正电压输出。①脚为输入端，②脚为公共端，③脚为输出端，输入电压接①、②端，③、②端输出稳定电压。

CW79××系列是负电压输出。外形同 CW78××系列，①脚为公共端，②脚为输入端，③脚为输出端。输出电压值由型号中的后两位表示。

可调式三端稳压器不仅输出电压可调，且稳压性能优于固定式。

CW117××/CW217××/CW317××系列是正电压输出。①脚为公共端，②脚为输出端，③脚为输入端，输出电压在 1.2~37 V 范围内连续可调。输入电压接③脚，②脚输出稳定电压。

CW137××/CW237××/CW337××系列是负电压输出，①脚为公共端，②脚为输入端，③脚为输出端。

2）质量检测：选用将万用表 R×1 k 档，红表笔接 7806 的散热板（带小圆孔的金属片），黑表笔分别接另外 3 个引脚，测得的电阻值分别为 20 kΩ、0 Ω、8 kΩ。由此判断出：①脚阻值为 20 kΩ，为输入端（阻值最大的）；②脚阻值为 0 Ω，为公共端（接机壳）；③脚阻值为 8 kΩ，为输出端。

## 3.7　555 集成电路

（1）认识元件

1）符号：NE555，其图形符号及外形如图3-5所示。

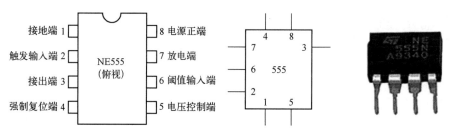

图 3-5　555 集成电路

2）特点：中规模集成电路，定时精度高，将模拟功能与逻辑功能兼容为一体；功能强、使用灵活、适用范围宽，负载能力强。

3）作用：只需外接少量几个阻容元件，就可以组成各种不同用途的脉冲电路；可以用作脉冲波的产生和整形，也可用于定时或延时控制，广泛地用于各种自动控制电路中；可直接驱动小电动机、扬声器及继电器等负载。

（2）检测

引脚识别：NE555 集成电路表面缺口朝左，逆时针方向依次为 1~8 脚。

1 脚为接地端；2 脚为触发输入端或称置位端；3 脚为输出端，即电路连接负载端；4 脚为强制复位端；5 脚为电压控制端；6 脚为阈值输入端；7 脚为放电端；8 脚为电源正端。

## 3.8　集成运算放大器

LM324 属于通用型低功耗集成运算放大器，每片封装 4 个独立的高增益、频率补偿的运算放大器，既可以接单电源使用（3~30 V），也可以接双电源使用（±1.5~±15 V），驱动功率低，可与 TTL 逻辑电路相容。其引脚连接图如图 3-6 所示。

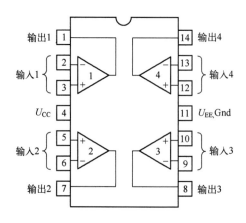

图 3-6　LM324 引脚连接图（俯视图）

其中，$U_{CC}$是电源正。1、7、8、14引脚分别对应四个放大器的输出端，3、5、10、12引脚对应四个放大器的正向输入端，2、6、9、13引脚对应四个放大器的反向输入端。

注意：在双电源使用时，$U_{CC}$接正电压，$U_{EE}$接负电压，若接错则会烧坏芯片。

## 3.9 晶体振荡器

（1）认识元件

利用石英晶体（二氧化硅的结晶体）的压电效应制成的一种谐振器件，又叫石英晶体或晶体、晶振。

1）符号：X。

2）应用

① 石英钟走时准、耗电省、经久耐用，可用于时钟信号发生器。

② 采用 500 kHz 或 503 kHz 的晶体振荡器作为彩电行、场电路的振荡源。

③ 应用于通信网络、无线数据传输及高速数字数据传输等。

（2）检测

1）极性识别：无极性。

2）质量检测：对于晶振的检测，通常仅能用示波器（需要通过电路板给予加电）或频率计实现。万用表或其他测试仪等是无法测量的。如果没有条件或没有办法判断其好坏时，那只能采用代换法，这也是行之有效的。

## 3.10 开关

### 1. 拨动开关

（1）认识元件

1）符号：S

2）作用：通过拨动开关柄使电路接通或断开，从而达到切换电路的目的。

3）分类：单极双位、单极三位、双极双位和双极三位等。

4）应用：用于低压电路、数码产品、通信产品、安防产品、电子玩具及健身器材。

5）特点：滑块动作灵活、性能稳定可靠。

（2）检测

1）极性识别：无极性。

2）质量检测：选用万用表 R×1 Ω 档。测量开关的中间及边上任意一个引脚。当开关柄连接所测的两个引脚时，阻值为 0；开关柄拨到另外一边时，阻值为 ∞；用同样的方法测量另外一个引脚和中间的引脚。

### 2. 按键开关

（1）认识元件

1）符号：S （有标志的两端表示当按键按下时该两个引脚接通）。

2）特点：带自锁的开关。

（2）检测

1）极性识别：无极性。

2）质量检测：引脚朝上的俯视图如图 3-7 所示，按键弹起时，2、3、5、6 接通；按键按下时，1、2、4、5 接通，使用万用表的 R×1Ω 档进行检测。

图 3-7　按键开关俯视图

**3. 轻触开关**

（1）认识元件

1）符号：SB 。

2）特点：不带自锁的开关。

（2）检测

1）极性识别：无极性。

2）质量检测：选用万用表 R×1Ω 档进行检测。竖线连通的两点为动断触点，横排两个为动合触点。

# 3.11　扬声器

（1）认识元件

1）符号：BL ⊟

2）作用：放大声音。

（2）检测

1）极性识别：音圈引出线的接线端上直接标有 "+""–" 极性。

2）质量检测：将万用表置 R×1 档，当两根表笔分别接触扬声器音圈引出线的两个接线端时，能听到明显的 "咯咯" 声响，表明音圈正常；声音越响，扬声器的灵敏度越高。

（3）选用

电子制作时，较常用的是 0.25~2W、8Ω 的纸盆中低音扬声器和高响度报警用高音扬声器。考虑扬声器的额定阻抗（应与电路的输出阻抗相等）、额定功率（应大于电路功放输出功率的 1.2 倍）和工作频率范围以及扬声器的价格等。

## 3.12 蜂鸣器

（1）认识元件

1）文字符号：HA。

2）作用：蜂鸣器是一种小型化的电子讯响器，通上额定的直流电时，它就会发出特定的响声，在仪器仪表、家用电器、电子玩具及报警器等领域作音频提示之用。

3）特点：体积小、重量轻、能耗低、结构牢固、安装方便、经济实用，灵敏度高，但频响范围较窄，低频响应较差，不宜当作扬声器使用。

（2）检测

1）极性识别：长脚正，短脚负。管体上有标注。

2）质量检测：把一节干电池串联蜂鸣器，正负极不能接反，否则不会发声音。电压大小也会影响蜂鸣器声音的大小，如果干电池电压低，就只有"沙沙"的声音。

（3）选用

根据驱动电路进行选择。

# 第2部分　虚拟仿真实验

# 第4章　虚拟仿真电路分析基础实验

## 4.1　线性与非线性元件伏安特性的测定

**1. 预习要求**

1）复习伏安特性的基本理论。

2）阅读实验指导书，理解实验原理，了解实验步骤。

**2. 实验目的**

1）学习测量电阻元件伏安特性的方法。

2）掌握线性电阻、非线性电阻元件伏安特性的逐点测试法。

**3. 实验原理**

在任何时刻，线性电阻元件两端的电压与电流的关系，符合欧姆定律。任何一个二端电阻元件的特性可用该元件上的端电压 $U$ 与通过该元件的电流 $I$ 之间的函数关系式 $I = f(U)$ 来表示，即用 $I$-$U$ 平面上的一条曲线来表征，这条曲线称为电阻元件的伏安特性曲线。

根据伏安特性的不同，电阻元件分为两大类：线性电阻和非线性电阻。线性电阻元件的伏安特性曲线是一条通过坐标原点的直线，如图 4-1a 所示。该直线的斜率只由电阻元件的阻值 $R$ 决定，其阻值 $R$ 为常数，与元件两端的电压 $U$ 和通过该元件的电流 $I$ 无关。非线性电阻元件的伏安特性曲线不是一条经过坐标原点的直线，其阻值 $R$ 不是常数，即在不同的电压作用下，阻值是不同的。常见的非线性电阻如白炽灯丝、普通二极管、稳压二极管等，它们的伏安特性曲线如图 4-1b、c、d 所示。在图 4-1 中，$U > 0$ 的部分为正向特性，$U < 0$ 的部分为反向特性。

绘制伏安特性曲线通常采用逐点测试法，电阻元件在不同的端电压 $U$ 作用下，测量出相应的电流 $I$，然后逐点绘制出伏安特性曲线 $I = f(U)$，根据伏安特性曲线便可计算出电阻元件的阻值。

**4. 实验仪器及设备**

装有 Multisim 的 PC。

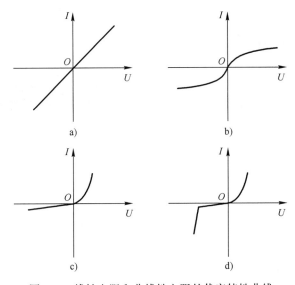

图 4-1　线性电阻和非线性电阻的伏安特性曲线

a）线性电阻　b）白炽灯丝　c）普通二极管　d）稳压二极管

### 5. 实验内容及步骤

（1）测定线性电阻的伏安特性

登录虚拟仿真实验教学平台，搭建电路，如图 4-2 所示。调节直流稳压电源（V1）的输出电压，从 0 V 开始缓慢地增加（不得超过 12 V），在表 4-1 中记下相应的电压表（U1）和电流表（U2）的读数。

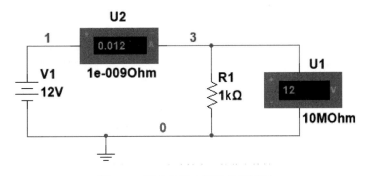

图 4-2　测定线性电阻的伏安特性

**表 4-1　线性电阻的伏安特性测量数据**

| $U/\text{V}$ | | | | | | | | | |
|---|---|---|---|---|---|---|---|---|---|
| $I/\text{mA}$ | | | | | | | | | |

（2）测定白炽灯泡的伏安特性

将图 4-2 中的 1 kΩ 线性电阻 $R_1$ 换成一只 6 V、0.1 A 的灯泡，如图 4-3 所示，重复步骤 1），在表 4-2 中记下相应的电压表（U1）和电流表（U2）的读数。

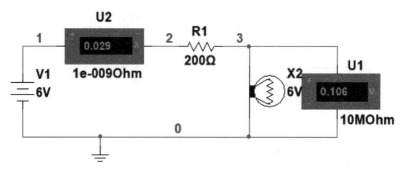

图 4-3　测定白炽灯泡的伏安特性

**表 4-2　白炽灯泡的伏安特性测量数据**

| $U/V$ | | | | | | | | | |
|---|---|---|---|---|---|---|---|---|---|
| $I/mA$ | | | | | | | | | |

（3）测定半导体二极管的伏安特性

按图 4-4 接线，$R_1$ 为限流电阻，取 200 Ω，二极管的型号为 1N4007。测二极管的正向特性时，其正向电流不得超过 150 mA，二极管 $VD_1$ 的正向电压降 $U_{D+}$ 可在 0~0.75 V 之间取值，特别是在 0.5~0.75 V 之间应多取几个测量点。测反向特性时，将直流稳压电源的输出端正、负连线互换，调节直流稳压输出电压，从 0 V 开始缓慢地增加，其反向施压 $U_{D-}$ 可达 -30 V，在表 4-3 和表 4-4 中记下相应的电压表（U1）和电流表（U2）的读数。

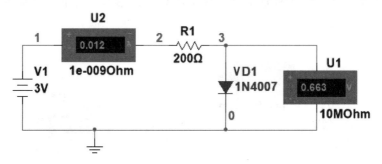

图 4-4　测定非线性电阻的伏安特性

**表 4-3　二极管的正向特性测量数据**

| $U_{D+}/V$ | | | | | | | | | |
|---|---|---|---|---|---|---|---|---|---|
| $I/mA$ | | | | | | | | | |

**表 4-4　二极管的反向特性测量数据**

| $U_{D-}/V$ | | | | | | | | | |
|---|---|---|---|---|---|---|---|---|---|
| $I/mA$ | | | | | | | | | |

（4）测定稳压二极管的伏安特性

1）正向特性。将图 4-4 中的二极管 1N4007 换成稳压二极管 2CW51，重复实验内容（3）中的正向测量。$U_{Z+}$ 为 2CW51 的正向施压，数据记入表 4-5 中。

表 4-5　稳压管的正向特性测量数据

| $U_{Z+}$/V | | | | | | | | | |
|---|---|---|---|---|---|---|---|---|---|
| $I$/mA | | | | | | | | | |

2）反向特性。将稳压二极管 2CW51 反接，测量 2CW51 的反向特性。稳压电源（V1）的输出电压从 0~20V 缓慢地增加，测量 2CW51 两端的反向施压 $U_Z$ 及电流 $I$，由 $U_Z$ 可看出其稳压特性。数据记入表 4-6 中。

表 4-6　稳压管的反向特性测量数据

| $U_{Z-}$/V | | | | | | | | | |
|---|---|---|---|---|---|---|---|---|---|
| $I$/mA | | | | | | | | | |

**6. 思考题**

1）线性电阻与非线性电阻的伏安特性有何区别？它们的电阻值与通过的电流有无关系？

2）请举例说明哪些元件是线性电阻，哪些元件是非线性电阻，它们的伏安特性曲线是什么形状？

3）设某电阻元件的伏安特性函数式为 $I=f(U)$，如何用逐点测试法绘制出伏安特性曲线？

**7. 实验报告要求**

1）根据实验数据，分别在方格纸上绘制出各个电阻的伏安特性曲线（其中二极管和稳压管的正、反向特性均要求画在同一张图中，正、反向电压可取为不同的比例尺）。

2）根据线性电阻的伏安特性曲线，计算其电阻值，并与实际电阻值比较。

3）实验总结及体会。

# 4.2　电压源、电流源及其电源等效变换的研究

**1. 预习要求**

1）了解电压源和电流源的特性。

2）阅读实验指导书，理解实验原理，了解实验步骤。

**2. 实验目的**

1）掌握建立电源模型的方法。

2）掌握电源外特性的测试方法。

3）加深对电压源和电流源特性的理解。

4）研究电源模型等效变换的条件。

**3. 实验原理**

（1）电压源和电流源

电压源具有端电压保持恒定不变，而输出电流大小由负载决定的特性。其外特征，即端电压 $U$ 与输出电流 $I$ 的关系 $U=f(I)$ 是一条平行于 $I$ 轴的直线。实验中使用的恒压源在规定

的电流范围内，具有很小的内阻，可以将它视为一个电压源。

电流源具有端电流保持恒定不变，而端电压的大小由负载决定的特性。其外特征，即输出电流 $I$ 与端电压 $U$ 的关系 $I=f(U)$ 是一条平行于 $U$ 轴的直线。实验中使用的恒流源在规定的电流范围内，具有很大的内阻，可以将它视为一个电流源。

（2）实际电压源和实际电流源

实际上任何电源内部都存在电阻，通常称为内阻。因而，实际电压源可以用一个内阻 $R_s$ 和电压源 $U_s$ 串联表示，其端电压 $U$ 随输出电流 $I$ 增大而降低。在实验中，可以用一个小阻值的电阻与恒压源相串联来模拟一个实际电压源。

实际电流源可以用一个内阻 $R_s$ 和电流源 $U_s$ 并联表示，其输出电流 $I$ 随端电压 $U$ 增大而减小。在实验中，可以用一个大阻值的电阻与恒流源相并联来模拟一个实际电流源。

（3）实际电压源和实际电流源的等效互换

一个实际的电源，就其外部特征而言，既可以看成是一个电压源，又可以看成是一个电流源。若视为电压源，则可用一个电压源与一个电阻相串联来表示；若视为电流源，则可用一个电流源与一个电阻相并联来表示。若它们向同样大小的负载供出同样大小的电流和端电压，则称这两个电源是等效的，即具有相同的外特性。

实际电压源和实际电流源等效变换的条件如下：

1）取实际的电压源与实际的电流源的内阻均为 $R_s$。

2）已知实际电压源的参数为 $U_s$ 和 $R_s$，则实际电流源的参数为 $I_s = \dfrac{U_s}{R_s}$ 和 $R_s$，若已知实际电压源的参数为 $I_s$ 和 $R_s$，则实际电流源的参数为 $U_s = I_s R_s$ 和 $R_s$。

**4. 实验内容及步骤**

（1）测定电压源（恒压源）与实际电压源的外特性

搭建仿真电路，如图 4-5 所示。图中的电压源（V1）用恒压源中的+6 V 输出端，$R_1$ 取 200 Ω 的固定电阻，电位器 $R_2$ 取 470 Ω 的电位器。调节电位器，令其阻值由大至小变化，将电流表（U2）、电压表（U1）的读数记入表 4-7 中。

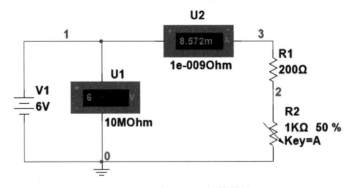

图 4-5　测定电压源的外特性

表 4-7　电压源（恒压源）的外特性测量数据

| $I$/mA | | | | | | | | | |
|---|---|---|---|---|---|---|---|---|---|
| $U$/V | | | | | | | | | |

在图 4-5 电路中，将电压源改为实际电压源，如图 4-6 所示。

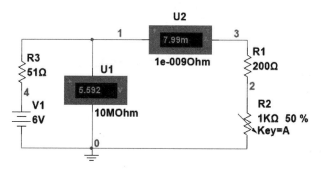

图 4-6　测定实际电压源的外特性

图 4-6 中内阻 $R_3$ 取 51 $\Omega$ 的固定电阻，调节电位器 $R_2$，令其阻值由大至小变化，将电流表（U2）、电压表（U1）的读数记入表 4-8 中。

表 4-8　实际电压源的外特性测量数据

| $I$/mA | | | | | | | | | |
|---|---|---|---|---|---|---|---|---|---|
| $U$/V | | | | | | | | | |

（2）测定电流源（恒流源）与实际电流源的外特性

按图 4-7 和图 4-8 连接电路，图中 $I_1$ 为恒流源，调节其输出为 5 mA，$R_2$ 取 470 $\Omega$ 的电位器，在 $R_3$ 分别为 $\infty$ 和 1 k$\Omega$ 两种情况下，调节电位器 $R_2$，令其阻值由大至小变化，将电流表（U2）、电压表（U1）的读数记入表 4-9 和表 4-10 中。

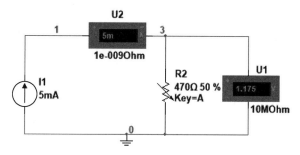

图 4-7　测量电流源的外特性

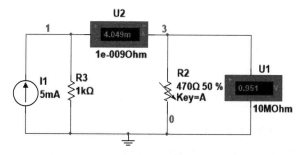

图 4-8　测量实际电流源的外特性

表 4-9  电流源的外特性测量数据

| $I/\text{mA}$ | | | | | | | | | |
|---|---|---|---|---|---|---|---|---|---|
| $U/\text{V}$ | | | | | | | | | |

表 4-10  实际电流源的外特性测量数据

| $I/\text{mA}$ | | | | | | | | | |
|---|---|---|---|---|---|---|---|---|---|
| $U/\text{V}$ | | | | | | | | | |

（3）研究电源等效变换的条件

先按图 4-9a 电路接线，记录电路中电流表（U2）和电压表（U1）的读数。然后再按图 4-9b 接线。调节恒流源（I1）的输出电流 $I_S$，使电流表（U3）和电压表（U4）的读数与图 4-9a 时的电流表（U2）和电压表（U1）相等，记录 $I_S$ 值，验证等效变换条件的正确性。

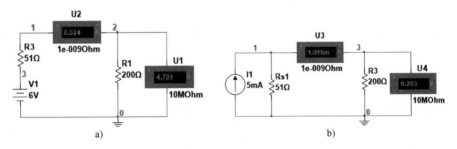

图 4-9  电源等效变换

**5. 思考题**

1）通常直流稳压电源的输出端不允许短路，直流恒流源的输出端不允许开路，为什么？

2）电压源与电流源的外特性为什么呈下降变化趋势，稳压源与恒流源的输出在任何负载下是否保持恒值？

**6. 实验报告要求**

1）根据实验数据绘出电源的四条外特性曲线，并总结、归纳各类电源的特性。

2）从实验结果验证电源等效变换的条件。

# 4.3  基尔霍夫定律及叠加定理的验证

**1. 预习要求**

1）复习基尔霍夫定律及叠加定理的基本理论。

2）阅读实验指导书，理解实验原理，了解实验步骤。

**2. 实验目的**

1）验证基尔霍夫电流定律（KCL）和电压定律（KVL）。

2）通过实验加强对电压、电流参考方向的掌握和运用能力。

3）验证线性电路叠加定理的正确性，加深对线性电路的叠加性和齐次性的认识和理解。

### 3. 实验原理

**（1）基尔霍夫电流定律（KCL）**

在集总参数电路中，在任意时刻，对于电路中的任意一个节点，流出与流入该节点的各支路电流的代数和恒等于零，即 $\sum I \equiv 0$。式中，若取流出节点的电流为正，则流入节点的电流为负。KCL反映了电流的连续性，说明了节点上各支路电流的约束关系，它与电路中元件的性质无关。

**（2）基尔霍夫电压定律（KVL）**

在任意时刻，按约定的参考方向，电路中任一回路上全部元件两端电压的代数和恒等于零，即 $\sum U \equiv 0$。式中，通常规定：凡支路或元件电压的参考方向与回路绕行方向一致者取正号，反之取负号。KVL说明了电路中各段电压的约束关系，它与电路中元件的性质无关。

**（3）叠加定理与齐次性**

叠加定理指出：在有多个独立源共同作用下的线性电路中，通过每一个元件的电流或其两端的电压，可以看成是由每一个独立源单独作用时在该元件上所产生的电流或电压的代数和。

线性电路的齐次性是指当激励信号（某独立源的值）增加或减小 $K$ 倍时，电路的响应（即在电路中各电阻元件上所建立的电流和电压值）也将增加或减小 $K$ 倍。

### 4. 实验仪器及设备

装有 Multisim 的 PC。

### 5. 实验内容及步骤

**（1）基尔霍夫电流定律（KCL）**

先设定三条支路电路 $I_1$、$I_2$、$I_3$ 的参考方向，将电流表接入电路中，注意电流表的接入方向。图4-10中的 $I_1$、$I_2$、$I_3$ 的方向已设定。用电流表分别测量三条支路的电流，并将电流值记录在表4-11中。

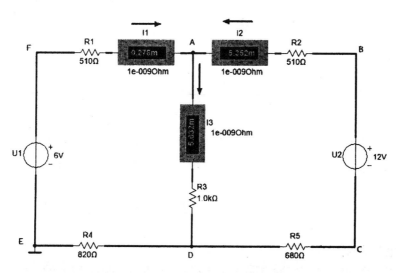

图4-10　基尔霍夫定律实验接线图

表 4-11　验证 KCL 的实验数据

| 被测值 | $I_1$ | $I_2$ | $I_3$ | $\sum I$ |
|---|---|---|---|---|
| 仿真数据 | | | | |
| 计算值 | | | | |

根据 $I_1$、$I_2$、$I_3$ 的设定参考方向，有 $\sum I = I_1 + I_2 - I_3$。

（2）基尔霍夫电压定律（KVL）

将电压表分别接入图 4-10 电路 FADEF 回路中，注意电压表的接入方向，将实验数据记录在表 4-12 中。改接电压表的位置，测量回路 BADCD，再次验证 KVL 定律。

表 4-12　验证 KVL 的实验数据

| | 被测值 | $U_{FA}$ | $U_{AD}$ | $U_{DE}$ | $U_{EF}$ | $\sum U_1$ |
|---|---|---|---|---|---|---|
| 回路 1<br>（FADEF） | 仿真数据 | | | | | |
| | 计算值 | | | | | |
| | 被测值 | $U_{BA}$ | $U_{AD}$ | $U_{DC}$ | $U_{CB}$ | $\sum U_2$ |
| 回路 2<br>（BADCB） | 仿真数据 | | | | | |
| | 计算值 | | | | | |

（3）叠加定理

分别将电源同时作用和单独作用在电路中，完成表 4-13。

表 4-13　验证叠加定理及齐次性的实验数据

| 测量值<br>实验内容 | $U_1$ | $U_2$ | $I_1$ | $I_2$ | $I_3$ | $U_{AB}$ | $U_{CD}$ | $U_{AD}$ | $U_{DE}$ | $U_{EA}$ |
|---|---|---|---|---|---|---|---|---|---|---|
| $U_1$ 单独作用 | | | | | | | | | | |
| $U_2$ 单独作用 | | | | | | | | | | |
| $U_1$、$U_2$ 共同作用 | | | | | | | | | | |
| $2U_2$ 单独作用 | | | | | | | | | | |

**6. 思考题**

1）实验中，若用指针式万用表直流毫安档测各支路电流，在什么情况下可能出现指针反偏，应如何处理？在记录数据时应注意什么？若用直流数字毫安表进行测量时，则会有什么显示？

2）实验电路中，若有一个电阻器改为二极管，试问叠加定理的叠加性与齐次性还成立吗？为什么？

**7. 实验报告要求**

1）根据实验数据，选定实验电路图 4-10 中的节点 A，验证 KCL 的正确性。

2）根据实验数据，选定实验电路图 4-10 中任一闭合回路，验证 KVL 的正确性。

3）根据实验数据，验证线性电路的叠加性与齐次性。

## 4.4 戴维南定理和诺顿定理的验证

### 1. 预习要求

1）复习戴维南定理和诺顿定理的基本理论。

2）阅读实验指导书，理解实验原理，了解实验步骤。

### 2. 实验目的

1）验证戴维南定理和诺顿定理，加深对戴维南定理和诺顿定理的理解。

2）掌握有源二端口网络等效电路参数的测量方法。

### 3. 实验原理

根据戴维南定理和诺顿定理，任何一个线性含源二端网络都可以等效为一个理想电压源与一个电阻串联的实际电压源形式或一个理想电流源与一个电阻并联的实际电流源形式。这个理想电压源的值等于二端网络端口处的开路电压，这个理想电流源的值等于二端网络两端口短路时的电流，这个电阻的值是将含源二端网络中的独立源全部置 0 后两端口间的等效电阻。根据两种实际电源之间的互换规律，这个电阻实际上也等于开路电压与短路电流的比值。

实验电路如图 4-11 所示。

### 4. 实验仪器及设备

装有 Multisim 的 PC。

### 5. 实验内容及步骤

1）在电路窗口中编辑图 4-11，节点 a、b 的端点通过启动 Place 菜单中的"Place Junction"命令获得；a、b 文字标识在启动 Place 菜单中的"Place Text"后，在确定位置输入所需的文字即可。

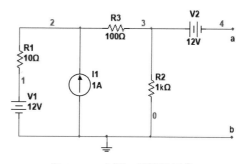

图 4-11　含源二端线性网络

2）从仪器栏中取出万用表，并设置到直流电压档位，连接到 a、b 两端点，测量开路电压，测得开路电压 $U_{ab}$ = 7.82 V，如图 4-12 所示。

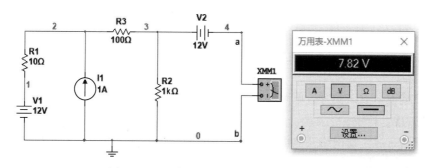

图 4-12　开路电压的测量电路及测量结果

3）将万用表设置到直流电流档位，测量短路电流，测得的短路电流 $I_S = 78.909\text{ mA}$，如图 4-13 所示。

4）求二端网络的等效电阻。

图 4-13　短路电流测量结果

方法一：通过测得的开路电压和短路电流，可求得该二端网络的等效电阻。

$$R_0 = \frac{U_{ab}}{I_S} = \frac{7.820}{78.909 \times 10^{-3}}\ \Omega = 99.1\ \Omega$$

方法二：将二端网络中所有独立源置 0，即电压源用短路代替，电流源用开路代替，直接用万用表的欧姆档测量 a、b 两端点之间的电阻。测得 $R_0 = 99.1\ \Omega$，如图 4-14 所示。

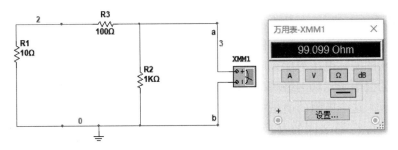

图 4-14　等效电阻的测量电路和测量结果

5）画出等效电路。戴维南等效电路如图 4-15a 所示，诺顿等效电路如图 4-15b 所示。

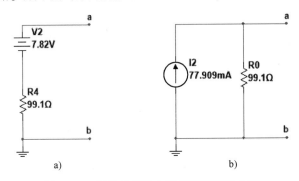

图 4-15　戴维南等效电路和诺顿等效电路

6）等效电路验证。可以在原二端网络和等效电路的端口处加同一电阻，对该电阻上的电压电流进行测量，若完全相同，则说明原二端网络可以用戴维南等效电路或诺顿等效电路来代替。

**6. 思考题**

1）在求戴维南或诺顿等效电路时，做短路实验，测 $I_S$ 的条件是什么？在本实验中可否直接做负载短路实验？

2）说明测有源二端网络开路电压及等效内阻的几种方法，并比较其优缺点。

**7. 实验报告要求**

1）验证戴维南定理和诺顿定理的正确性，并分析产生误差的原因。

2）归纳、总结实验结果。

# 4.5 RLC 串联电路仿真实验

## 1. 实验目的

1）测量各元件两端的电压、电路中的电流及电路功率，掌握它们之间的关系。

2）熟悉 RLC 串联电路的特性。

## 2. 实验原理

RLC 串联电路有效值之间的关系为

$$U=\sqrt{U_{\mathrm{R}}^2+(U_{\mathrm{L}}-U_{\mathrm{C}})^2}$$

有功功率与视在功率之间的关系为

$$P=S\cos\varphi$$

## 3. 实验电路

RLC 串联电路如图 4-16 所示。

## 4. 实验内容及步骤

1）测量各元件两端的电压。按图 4-16 连接电路，将万用表全部调到交流电压档，打开仿真开关，测得结果如图 4-17 所示。

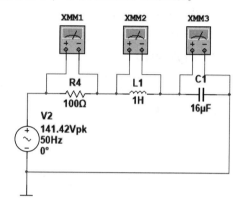

图 4-16　RLC 串联电路

图 4-17　电压测量结果

2）测量电路中的电流和功率。按图 4-18 连接好功率表和万用表，将万用表调到交流电流档，打开仿真开关，测得的结果如图 4-19 所示。

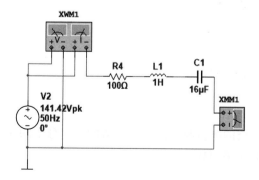

图 4-18　测量电路的功率和电流

图 4-19　功率和电流测量结果

3）将交流电源的频率改为 100 Hz，其他参数不变，对以上数据重新测量一次，将结果列入表 4-14 中。

表 4-14 RLC 串联电路测量结果

| $f$/Hz | $U_R$/V | $U_L$/V | $U_C$/V | $I$/mA | $P$/W | $\cos\varphi$ |
|---|---|---|---|---|---|---|
| 50 | | | | | | |
| 100 | | | | | | |

**5. 数据分析及结论**

1）当频率改变时，电路中的各响应都会随之变化，说明电路的响应是频率的函数。

2）当 $f$ = 50 Hz 时：

$$\sqrt{U_R^2+(U_L-U_C)^2}=\sqrt{63.428^2+(201.865-124.56)^2}\ \text{V}=100\ \text{V}$$

当 $f$ = 100 Hz 时：

$$\sqrt{U_R^2+(U_L-U_C)^2}=\sqrt{18.263^2+(116.245-17.932)^2}\ \text{V}=100\ \text{V}$$

$$U=U_1=100\ \text{V}$$

所以，电压有效值之间的关系为

$$U=\sqrt{U_R^2+(U_L-U_C)^2}$$

当 $f$ = 50 Hz 时：

$$S\cos\varphi=UI\cos\varphi=100\times634.283\times10^{-3}\times0.63430\ \text{W}=40.232\ \text{W}$$

又因为

$$P=40.233\ \text{W}$$

当 $f$ = 100 Hz 时：

$$S\cos\varphi=UI\cos\varphi=100\times182.626\times10^{-3}\times0.183\ \text{W}=3.34\ \text{W}$$

又因为

$$P=3.336\ \text{W}$$

所以，有功功率和视在功率之间的关系为

$$P=S\cos\varphi$$

# 4.6 电感性负载和电容并联电路仿真实验

**1. 实验目的**

1）测量电感性负载与电容并联电路的电流、功率因数和功率。

2）研究提高电感性负载功率因数的方法。

**2. 实验原理**

在电感性负载和电容并联电路中，由于电容支路的电流与电感支路电流的无功分量的相位是相反的，可以互相抵消，因此可以提高电路的功率因数。

**3. 实验电路**

电感性负载和电容并联电路如图 4-20 所示。

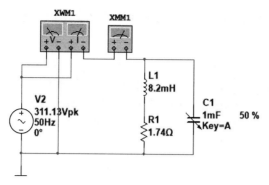

图4-20 电感性负载和电容并联电路

**4. 实验内容及步骤**

1）按图4-20连接电路，可变电容 $C_1$ 暂不连接，测量电路中的电流、功率及功率因数，将数据记录在表4-15中。

2）在电感性负载的两端并联一个1mF的可变电容，按〈A〉键或〈Shift+A〉键改变电容的大小，同时检测电路中的电流、功率及功率因数，将数据记录在表4-15中。

**表4-15 电感性负载和电容并联电路测量结果**

| 电容 $C/\mu F$ | 功率 $P/kW$ | 电流 $I/A$ | 功率因数 $\cos\varphi$ |
|---|---|---|---|
| 0 | | | |
| 100 | | | |
| 300 | | | |
| 500 | | | |
| 700 | | | |
| 800 | | | |
| 850 | | | |
| 900 | | | |
| 950 | | | |
| 1000 | | | |

**5. 数据分析及结论**

分析表4-15中的数据，可以得出以下结论：随着并联电容的增加，电路中的平均功率基本不变，电路中的总电流先减少后增加，功率因数先增加后减小，这说明在感性负载的两端并联一个电容确实能提高电路的功率因数。但并联的这个电容要合适，太小可能达不到要求，太大则可能过补偿。

# 4.7 移相电路仿真实验

**1. 实验目的**

1）连接各种基本移相电路，掌握各种移相电路的电路形式。

2）测量各种基本移相电路的输入、输出波形，掌握电路的移相规律和元件参数对移相的影响。

**2. 实验原理**

电路中电容上的电压滞后电流的变化，电感上的电压超前电流的变化，利用电容和电感的这种特性，在电路中引入移相。下面通过测试实际电路的输入、输出波形来掌握移相电路的电路形式和移相规律。通过改变某些元件的参数来了解元件参数对移相的影响。

**3. 实验电路**

移相电路如图 4-21~图 4-25 所示。

**4. 实验内容及步骤**

1）按实验电路图 4-21a 连接电路，为了便于观察输入、输出波形，连接到输出信号的导线颜色改为红色。打开示波器，记录输入、输出波形，如图 4-21b 所示。

2）改变电路中的元件参数，观察移相情况。

3）分别按照实验电路图 4-21a~4-25a 连接电路，重复步骤 1）、2），输入、输出波形分别如图 4-21b~4-25b 所示。

**5. 波形分析与结论**

各电路的波形分别对应图 4-21b~图 4-25b 所示。

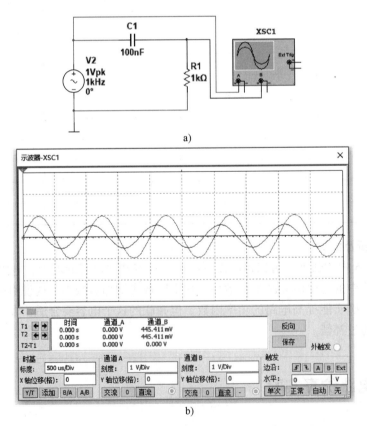

图 4-21　RC 移相电路 1

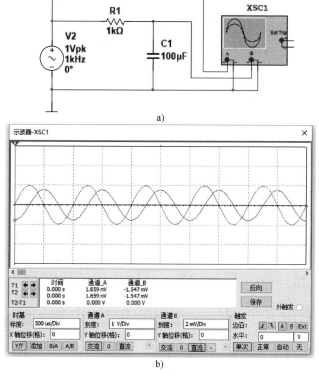

图 4-22　RC 移相电路 2

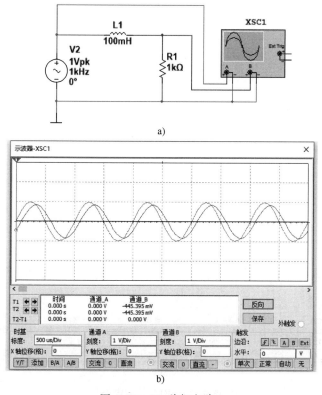

图 4-23　RL 移相电路 1

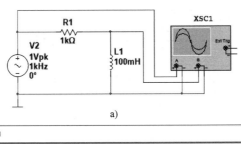

a)

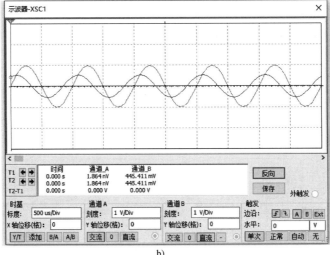

b)

图 4-24　RL 移相电路 2

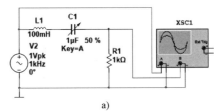

a)

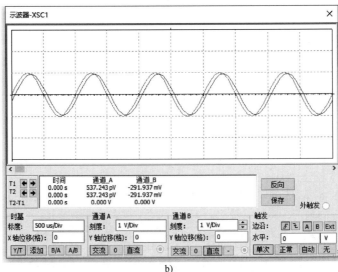

b)

图 4-25　RLC 移相电路

图 4-21 所示 RC 移相电路，输出波形超前输入波形，相位超前。

图 4-22 所示 RC 移相电路，输出波形滞后输入波形，相位滞后。

图 4-23 所示 RL 移相电路，输出波形滞后输入波形，相位滞后。

图 4-24 所示 RL 移相电路，输入波形超前输入波形，相位超前。

图 4-25 所示 RLC 移相电路，调节电容 $C$ 的大小，相位可超前也可滞后，即可调移相电路。

**6. 思考题**

采用上面的基本移相电路，能否达到 90°的移相？

# 4.8　三相交流电路仿真实验

**1. 实验目的**

1）测量三相交流电压的相序，掌握判断相序的方法。

2）观察三相负载变化对三相电路的影响，掌握三相交流电路的特性。

**2. 实验原理**

1）当负载丫形联结并有中性线时，不论三相负载对称与否，三相负载的电压都是对称的，且线电压是相电压的$\sqrt{3}$倍，线电流等于对应的相电流。当负载对称时，中性线电流为零；当负载不对称时，中性线电流不再为零。

2）当负载丫形联结但没有中性线时，若三相负载对称，则三相负载电压是对称的；若负载不对称，则三相负载电压不再对称。

3）当负载△形连接时，每相负载上的电压是对应的线电压，当三相负载对称时，线电流是相电流的$\sqrt{3}$倍；当三相负载不对称时，三相负载电流不再对称。

**3. 实验内容及步骤**

1）建立三相电源子电路。选择三个正弦交流电源，频率设置为 50 Hz，有效值设置为 220 V，相位分别设置为 0°、120°、240°，按图 4-26 连接电路。（注意：由于软件本身的原因，参数设置中初相为正，但仿真电源波形时初相为负，因此实际电源的初相应设置成负值，图 4-26 中三电源的初相分别为 0°、-120°、-240°。）选中全部电路，选择菜单"Place/Replace by Subcircuit"命令，弹出电路命名对话框，输入 3Ph 或其他名字，单击 OK 即可得到图 4-27 所示的子电路。

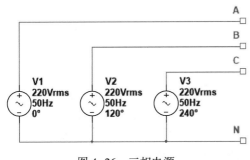

图 4-26　三相电源

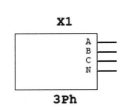

图 4-27　三相电源子电路

2) 确定三相电源相序。在实际应用中，常规的测相序方法是用一个电容与两只灯泡组成图 4-28 所示的测试电路进行测定。如果电容所接的相为 A 相，则灯泡较亮的为 B 相，较暗的为 C 相。相序为 A→B→C。

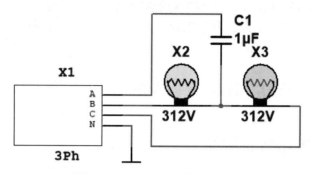

图 4-28　三相电源相序测试电路

仿真过程中，灯泡会一闪一闪地亮，电压较高的灯泡上下都有光线出现，电压较低时仅一边有光线。从图 4-28 可以看出，判断相序的仿真效果与实际操作的结果是一致的。

3) 观察三相负载的变化对三相电路的影响。三相电路的负载连接方式分为星形（又称为丫形）和三角形（又称为△）两种。图 4-29 所示是以三只 150 W（220 V）的灯泡为负载的星形联结电路，其中 F1、F2 和 F3 是三只 1A 的熔体。通过适当的设置，进行以下各项的测量或观察。注意：图中的电压表、电流表应设置为 AC 模式，所示的读数为有效值。

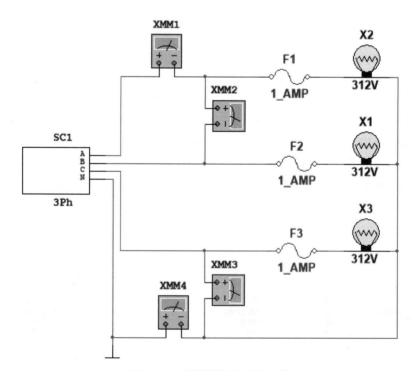

图 4-29　星形联结的三相电路

① 星形有中性线时电路的电流和电压。

② 星形无中性线时电路的电流和电压。

③ 星形有中性线时，将其中的一相负载断开，测量电路的电流和电压。

④ 星形无中性线时，将其中的一相负载断开，测量电路的电流和电压。

⑤ 星形有中性线时，将其中的一相负载短路，测量电路的电流和电压。

⑥ 星形无中性线时，将其中的一相负载短路，测量电路的电流和电压。

⑦ 星形有中性线时，将其中的一相负载再并联一只同样的灯泡，观察电路出现的现象。

⑧ 星形无中性线时，将其中的一相负载再并联一只同样的灯泡，观察电路出现的现象。

测量结果记入表4-16中。

表4-16 三相负载仿真实验记录数据

| 测量项目 | | $U_{AB}$ | $U_{BC}$ | $U_{CA}$ | $U_A$ | $U_B$ | $U_C$ | $I_A$ | $I_B$ | $I_C$ | $U_{NN}$ | $I_N$ |
|---|---|---|---|---|---|---|---|---|---|---|---|---|
| 有中性线 | 对称负载 | | | | | | | | | | | |
| | 不对称负载 | | | | | | | | | | | |
| | A相开路 | | | | | | | | | | | |
| 无中性线 | 对称负载 | | | | | | | | | | | |
| | 不对称负载 | | | | | | | | | | | |
| | A相开路 | | | | | | | | | | | |

注：这两组数据是灯泡的电压设置为312V时的仿真值。

由表4-16中的数据验证不同连接方式时电压与电流的关系。


# 4.9 一阶动态电路仿真实验

**1. 实验目的**

1）构建RC一阶动态电路。

2）观察动态电路的变化过程。

**2. 实验原理**

含有储能元件C（电容）和L（电感）的电路称为动态电路，这种电路当电路结构或元件参数发生改变时，要进入过渡状态，即电路中的电流、电压存在一个变化过程，而后才渐渐趋于稳定值。

**3. 实验内容及步骤**

1）建立电容充放电电路，观察电容的充电过程和放电过程。实验电路如图4-30所示。

按照图4-30编辑好电路图后，运行仿真开关，再反复按空格键，使得开关 $S_1$ 反复打开和闭合，同时打开

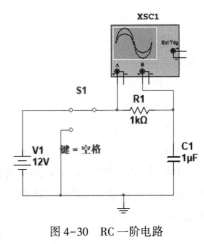

图4-30 RC一阶电路

示波器，观察电容充放电过程。图 4-31 所示为示波器上观察到的电容充放电曲线。

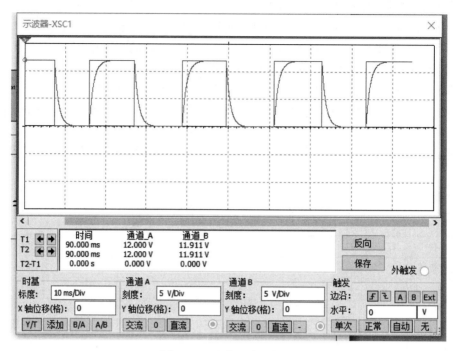

图 4-31　电容充放电曲线

下面的实验中用一个方波信号来代替开关的反复开合，通过设置方波频率和时间常数 $RC$ 大小之间的关系，可构成积分电路和微分电路。

2）构建积分电路，观察电路的输入、输出波形。

积分电路即实现输出信号为输入信号的积分。如将输入方波信号 V1 加至 RC 串联电路，输出信号取自电容两端电压，且满足输入方波信号的脉宽远小于时间常数 $RC$，则构成积分电路。实验电路如图 4-32 所示。

电路中时间常数 $RC = 2\,ms$，方波信号的周期 $T = 1\,ms$，打开仿真开关，通过示波器观察到的输入、输出波形如图 4-33 所示。输入的是方波信号，输出的是三角波信号，实现了输出是输入的积分。

3）构建微分电路，观察电路的输入、输出波形。

微分电路即实现输出信号为输入信号的微分。如将输入

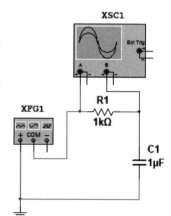

图 4-32　积分电路

方波信号 V1 加至 RC 串联电路，输出信号取自电阻两端电压，且满足输入方波信号的脉宽远大于时间常数 $RC$，则构成微分电路。实验电路如图 4-34 所示。

电路中时间常数 $RC = 20\,\mu s$，方波信号的周期 $T = 1\,ms$，打开仿真开关，通过示波器观察到的输入、输出波形如图 4-35 所示。输入的是方波信号，输出的是尖脉冲信号，实现了输出是输入的微分。

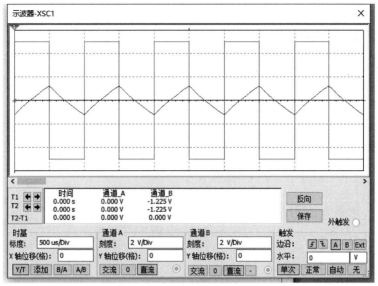

图 4-33　积分电路仿真波形

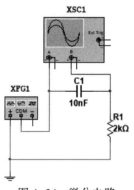

图 4-34　微分电路

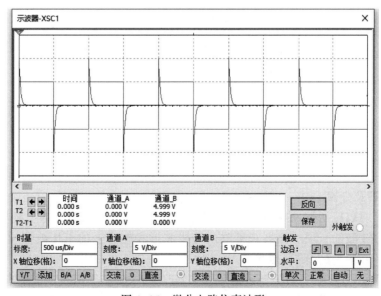

图 4-35　微分电路仿真波形

## 4.10 二阶动态电路仿真实验

**1. 实验目的**

1）构建 RLC 二阶动态电路。

2）观察电路的动态过程。

**2. 实验原理**

RLC 串联电路的衰减系数 $a=\dfrac{R}{2L}$，谐振频率为 $\omega_0=\dfrac{1}{\sqrt{LC}}$。

当 $a>\omega_0$ 时，电路为过阻尼情况，其零输入响应模式为

$$u_c(t)=K_1\mathrm{e}^{-s_1t}+K_2\mathrm{e}^{-s_2t}$$

式中

$$s_{1,2}=-a\pm\sqrt{a^2-\omega_0^2}$$

当 $a=\omega_0$ 时，电路为临界阻尼情况，其零输入响应模式为

$$u_c(t)=\mathrm{e}^{-at}(K_1+K_2t)$$

当 $a<\omega_0$ 时，该电路为欠阻尼情况，其零输入响应模式为

$$u_c(t)=K\mathrm{e}^{-at}\cos(\omega_\mathrm{d}t+\varphi)$$

式中

$$\omega_\mathrm{d}=\sqrt{\omega_0^2-a^2}$$

**3. 实验电路**

实验电路如图 4-36 所示。

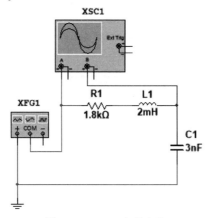

图 4-36　RLC 串联电路

**4. 实验内容及步骤**

1）取 $R=1.8\,\mathrm{k\Omega}$，$L=2\,\mathrm{mH}$，$C=3\,\mathrm{nF}$，将 $R$、$L$、$C$ 串联起来后，加上频率为 $12.5\,\mathrm{kHz}$、幅度为 $2\,\mathrm{V}$ 的方波激励，用示波器观察输入信号波形和电容上的电压波形。观察的结果如图 4-37 所示，这是一个过阻尼情况。

2）将 $R$ 值改为 $200\,\Omega$，方波激励信号的频率改为 $5\,\mathrm{kHz}$，用示波器观察输入信号的波形和电容上的电压波形。观察到的结果如图 4-38 所示，这是一个欠阻尼情况。

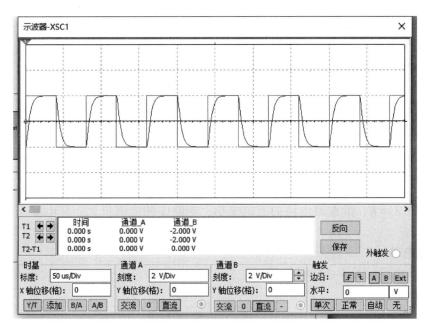

图 4-37　过阻尼情况输入输出波形

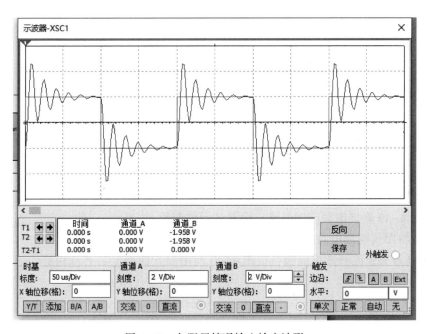

图 4-38　欠阻尼情况输入输出波形

# 4.11　串联谐振电路仿真实验

### 1. 实验目的

1）构建串联谐振电路。

2）研究电路的频率特性。

3）掌握串联谐振的特性。

**2. 实验原理**

RLC 串联电路的阻抗为

$$Z=R+\mathrm{j}\omega L-\mathrm{j}\frac{1}{\omega C}=R+\mathrm{j}\left(\omega L-\frac{1}{\omega C}\right)=R+\mathrm{j}\omega X$$

当 $X=0$ 时，电路处于谐振状态，此时 $\omega L-\dfrac{1}{\omega C}=0$，由此得到电路的谐振频率为

$$f_0=\frac{1}{2\pi\sqrt{LC}}$$

谐振阻抗 $Z_0=R$，谐振时电路的阻抗最小，电路中的电流最大，且电流与总电压是同相的。

**3. 实验电路**

串联谐振电路如图 4-39 所示。

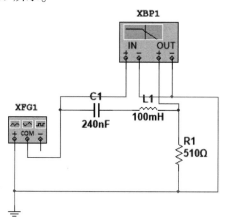

图 4-39　串联谐振电路

**4. 实验内容及步骤**

1）按图 4-39 连接串联谐振电路，设置各元件参数。

2）用波特图仪观测电路的频率特性曲线。

打开仿真开关及波特图仪面板，按图 4-40 所示设置面板上的各项内容。波特图仪显示的曲线如图 4-40 所示。

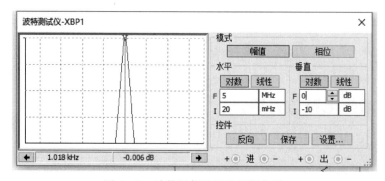

图 4-40　波特图仪显示的幅频曲线

移动数轴到曲线的峰值处，可以读得谐振频率为 $1.023\,\text{kHz}$。

**5. 实验结果分析**

串联电路谐振频率为

$$f_0=\frac{1}{2\pi\sqrt{LC}}=\frac{1}{2\times3.14\times\sqrt{100\times10^{-3}\times240\times10^{-9}}}\,\text{Hz}=1.027\,\text{kHz}$$

实验测量结果与理论计算结果基本一致。

# 4.12　非正弦周期电流电路仿真实验

**1. 实验目的**

1）分析非正弦周期信号的谐波组成。

2）掌握非正弦周期信号傅里叶分析的方法。

**2. 实验原理**

从高等数学中知道，凡是满足狄利克雷条件的周期信号都可以分解为傅里叶级数。设给定的周期信号 $f(t)$ 的周期为 $T$，角频率 $\omega=2\pi/T$，则 $f(t)$ 的傅里叶级数的展开式为

$$f(t)=A_0+A_1\sin(\omega t+\varphi_1)+A_2\sin(2\omega t+\varphi_2)+\cdots+A_k\sin(k\omega t+\varphi_k)+\cdots$$

**3. 实验电路**

周期信号谐波分析电路如图 4-41 所示。

**4. 实验内容及步骤**

（1）分析矩形波信号的谐波组成

打开信号发生器面板进行参数设置，如图 4-42a 所示，打开仿真开关，用示波器观察到信号的时域波形如图 4-42b 所示。

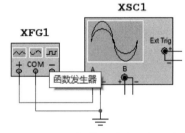

图 4-41　周期信号谐波分析电路

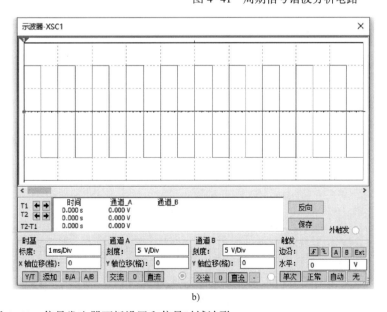

a)　　　　　　　　　　　　　　b)

图 4-42　信号发生器面板设置和信号时域波形

启动分析菜单中的"Fourier Analysis"选项，在弹出的对话框中按图4-43进行设置，选择节点1为傅里叶分析节点，得到信号的频谱图，如图4-44所示。

图4-43　傅里叶分析参数设置对话框

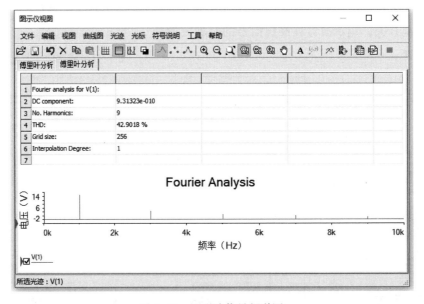

图4-44　矩形波信号频谱图

从频谱图分析矩形波信号，主要包括1 kHz、3 kHz、5 kHz等各奇次谐波，基波（1 kHz频率成分）的幅度最大，随着频率的增加，信号幅度减小。

采用数学方法对矩形波信号求解傅里叶级数得到

$$u(t) = \frac{4U_m}{\pi}\left[\sin(\omega t) + \frac{1}{3}\sin(3\omega t) + \frac{1}{5}\sin(5\omega t) + \cdots + \frac{1}{k}\sin(k\omega t) + \cdots\right] \ (k \text{ 为奇数})$$

傅里叶分析结果和采用数学方法分析所得结果是一致的。

（2）分析锯齿波信号的谐波组成

在信号发生器面板中设置输出波形为锯齿波，占空比设置为90%，用示波器观察信号的时域波形，如图4-45所示。

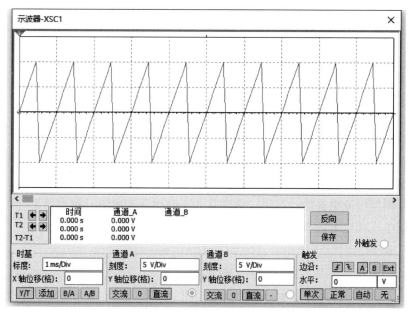

图4-45　锯齿波时域波形

将锯齿波信号进行傅里叶分析得到频谱图，如图4-46所示。

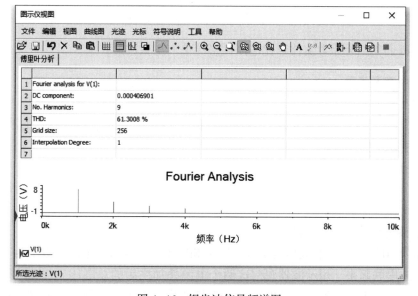

图4-46　锯齿波信号频谱图

从频谱图分析锯齿波信号，主要包括 1 kH、2 kHz 以及 3 kHz 等各次谐波，基波（1 kHz 频率成分）的幅度最大，随着频率的增加，幅度减小。

采用数学方法对锯齿波信号求解傅里叶级数得到

$$u(t) = \frac{2I_m}{\pi}\left[\sin(\omega t) - \frac{1}{2}\sin(2\omega t) + \frac{1}{3}\sin(3\omega t) + \cdots + \frac{1}{k}\sin(k\omega t) + \cdots\right]\quad (k\text{ 为正整数})$$

傅里叶分析结果和采用数学方法分析所得结果是一致的。

# 4.13　非正弦交流电路的分析

**1. 实验目的**

1）利用计算机分析非正弦交流电路。

2）复习用示波器观察波形的方法，并对波形进行分析比较。

3）加深对非正弦有效值关系式的理解。

4）观察非正弦电流电路中电感及电容对电流波形的影响。

**2. 实验原理**

在非正弦周期电流电路的计算中，常常将非正弦电压和电流分解成傅里叶级数。

而非正弦电压和电流的有效值 $U$ 和 $I$ 可分别表示成

$$\begin{cases} U^2 = U_0^2 + U_1^2 + U_2^2 + \cdots \\ I^2 = I_0^2 + I_1^2 + I_2^2 + \cdots \end{cases}$$

式中，$U_0$、$I_0$ 是非正弦电压和电流的恒定分量，而 $U_1$、$U_2$ 和 $I_1$、$I_2$ 等分别为电压和电流各次谐波的有效值。

若将一非正弦电压作用于 RL 串联电路，由于电感 L 对高次谐波呈现大的电抗，因而电流中谐波次数越高者越不明显，其结果是电流波形比电压波形更接近于正弦波形。

若将一非正弦电压作用于 RC 串联电路，则由于电容 C 对高次谐波呈现小的电抗 $\left(X_C = \dfrac{1}{\omega C}\right)$，因而其结果是电流波形比电压波形更偏离正弦波形。

**3. 实验内容及步骤**

（1）观察基波波形

设置一个电压源的频率为 50 Hz，电压有效值为 110 V，用示波器观察 $u_1$ 的波形，并将波形仔细地描绘在坐标纸上。

（2）观察三次谐波波形

设置一个电压源的频率为 150 Hz，电压有效值为 50 V，用示波器观察 $u_3$ 的波形，并将波形仔细地描绘在坐标纸上。

（3）观察马鞍波形与尖顶波形

将频率为 50 Hz、电压有效值为 110 V 的 $u_1$ 和频率为 150 Hz、电压有效值为 50 V 的 $u_3$ 两个电压源顺向串联起来，用示波器观察这两个电源叠加之后的总电压 $u_{13}$ 的波形，并将波形仔细地描绘在坐标纸上。把三倍频电源 $u_3$ 正负极调换，再用示波器观察 $u'_{13}$ 的波形，并将波形仔细地描绘在坐标纸上。验证 $u_{13}^2 = u_1^2 + u_3^2$。

（4）观察电感、电容对非正弦电流波形的影响

电路如图 4-47 所示，利用示波器 A 通道观测合成电源的非正弦电压波形，利用示波器的 B 通道及电流探针观测流过电阻的电流波形，注意选择合适的电流探针比例及示波器 A、B 通道参数值。分别观察并记录当高次谐波取不同频率值（基波电源保持不变）时，示波器所显示的波形情况。将图 4-47 所示电路中的电感元件替换为 1 μF 的电容元件，重复上述测量步骤。通过两种情况的观察，研究电感、电容元件对非正弦电流波形的影响。

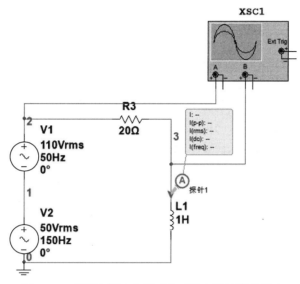

图 4-47　观察电感、电容对非正弦电流波形的影响

**4. 注意事项**

1）将电流探针放入电路中的不同位置时，应特别注意其所测电流的方向，同时应注意电流探针的参数设置。

2）观察电压与电流之间的相位差时，要注意示波器的起始时刻。

3）把电压与电流波形取为不同色彩，注意观察两者之间的相位超前与滞后的关系。

**5. 实验报告要求**

1）通过观察，分别画出基波、三次谐波、马鞍波和尖顶波的波形图。

2）分别绘出感性电路 RL 和容性电路中总的电压与电流波形。

3）回答思考题 1）。

**6. 思考题**

1）改变电源中某高次谐波的频率［例如，将实验任务（4）中的 150 Hz 三次谐波的频率 $f_3$ 改为 100 Hz 二次谐波频率 $f_2$］，对电路的有功功率有无影响？为什么？

2）试设计一低通滤波电路，用示波器观察电感对高频电流的抑制作用，电容对高频电流的分流作用，并简要分析。

3）试设计一滤波电路，该电路含有两个电感、一个电容。要求 $4\omega$ 的谐波电流传至负载，而使基波电流无法达到负载。电容 C 为 1 μF，$\omega = 1000\,\mathrm{rad/s}$，试画出电路图并求出两个电感的参数值。

# 第5章　虚拟仿真模拟电子技术基础实验

## 5.1　二极管特性仿真实验

### 1. 实验目的

1）测量二极管的伏安特性，掌握二极管各工作区的特点。

2）掌握二极管正向电阻、反向电阻的特性。

3）用温度扫描的方法测试二极管电压及电流随温度变化的情况，了解温度对二极管的影响。

### 2. 实验原理

半导体二极管主要是由一个 PN 结构成的，为非线性元件，具有单向导电性。一般二极管的伏安特性可划分成 4 个区：死区、正向导通区、反向截止区和反向击穿区。

### 3. 实验电路

1）测试二极管的正向伏安特性，如图 5-1 所示。

2）测试二极管的反向伏安特性，如图 5-2 所示。

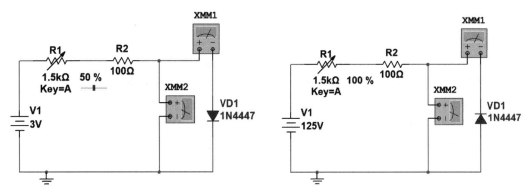

图 5-1　测试二极管正向伏安特性电路　　　　图 5-2　测试二极管反向伏安特性电路

### 4. 实验内容及步骤

（1）测试二极管的正向伏安特性

按图 5-1 连接电路，改变电位器 $R_1$ 的大小，先将电位器的百分数调为 0，再逐渐增加百分数，从而可改变加在二极管两端正向电压的大小。启动仿真开关，将测量数据依次填入表 5-1 中。

表 5-1  二极管正向伏安特性测量数据

| $R_1(\%)$ | 10 | 20 | 30 | 50 | 70 | 90 | 100 |
|---|---|---|---|---|---|---|---|
| $U_D/V$ | | | | | | | |
| $I_D/mA$ | | | | | | | |
| $R_D/\Omega$ | | | | | | | |

结论：从表 5-1 中 $R_D$ 的值可以看出，二极管的电阻值不是一个固定值。当在二极管两端加正向电压时，若正向电压比较小，则二极管呈现很大的正向电阻，正向电流非常小，称为"死区"。当二极管两端的电压达到 0.6 V 左右时，电流急剧增大，电阻减小到只有几十欧姆，而两端的电压几乎不变，此时二极管工作在"正向导通区"。

（2）测试二极管的反向伏安特性

按图 5-2 连接电路。改变 $R_1$ 的百分比，启动仿真开关，将测量数据依次填入表 5-2 中。

表 5-2  二极管反向伏安特性测量数据

| $R_1(\%)$ | 10 | 20 | 30 | 50 | 70 | 90 | 100 |
|---|---|---|---|---|---|---|---|
| $U_D/V$ | | | | | | | |
| $I_D/mA$ | | | | | | | |
| $R_D/\Omega$ | | | | | | | |

结论：由表 5-2 所示的测试结果可以看出，当二极管加上反向电压时，电阻很大，电流几乎为 0。比较表 5-1 和表 5-2，二极管反偏电阻大，而正偏电阻小，说明二极管具有单向导电性。但若加在二极管上的反向电压太大时，二极管进入反向击穿区，反向电流急剧增大，而电压值变化很小。

（3）研究温度对二极管参数的影响

对图 5-1 所示电路进行温度扫描分析，$R_1$ 调到 70%，启动分析菜单中的"Temperature Sweep"选项，在参数设置对话框中的"Sweep Variation Type"栏选择 List，在"Value"栏输入扫描的温度 0℃、25℃ 和 100℃，选择二极管的正极为分析变量，单击 Simulate 按钮，仿真结果如图 5-3 所示。

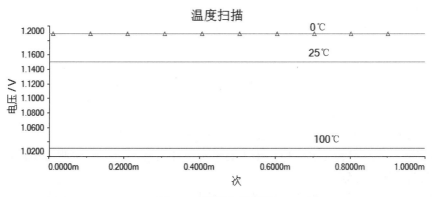

图 5-3  温度扫描结果

结论：随着温度的升高，二极管的正向电压降减少，PN 结具有负的温度特性。

# 5.2 单管共射极放大电路测试

**1. 实验目的**

1）学会测试单管共射极放大电路的静态工作点。
2）学会测试单管共射极放大电路的输入电压和输出电压的波形及两者的相位关系。
3）了解电路产生非线性失真的原因。

**2. 实验内容**

1）单管共射极放大电路采用基极固定分压式偏置电路，测试电路如图 5-4 所示。

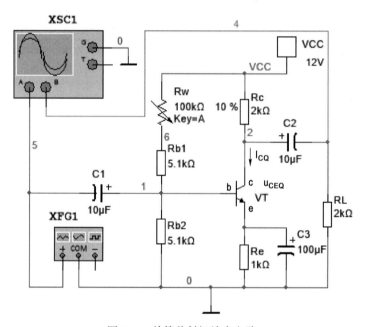

图 5-4　单管共射极放大电路

2）静态工作点的选择。放大器的基本任务是不失真地放大小信号。为此应设置合适的静态工作点。为了获得最大不失真的输出电压，静态工作点应选在输出特性曲线上交流负载线的中点，若工作点选得太高则易引起饱和失真；而选得太低又易引起截止失真。

3）静态工作点的测量方法。静态工作点的测量是指在接通电源电压后，放大器输入端不加信号时，测量晶体管集电极电流 $I_{CQ}$ 和管压降 $U_{CEQ}$。其中 $U_{CEQ}$ 可直接用万用表直流电压档测 c-e 极间的电压即得，而 $I_{CQ}$ 的测量则有直接法和间接法两种。

① 直接法：将万用表（电流档）串入集电极电路直接测量。此法测量精度高，但要断开集电极回路，比较麻烦。

② 间接法：用万用表（直流电压档）先测出 $R_c$（或 $R_e$）上的电压降，然后根据已知 $R_c$（或 $R_e$）算出 $I_{CQ}$，此法较简便，在实验中常用，但其测量精度稍差。为了减小测量误

差，应选用内阻较高的电压表。

静态工作点的选择，从理论上说，就是使其处于交流负载线的中点，也就是让输出信号能够达到最大限度的不失真。

因此，在本实验中，静态工作点的调整，就是用示波器观察输出波形让输出信号达到最大限度的不失真。

按照上述要求接好电路，在输入端引入正弦信号，用示波器观察输出。静态工作点具体的调整方法见表 5-3。

表 5-3 静态工作点的调整方法

| 现　　象 | 截 止 失 真 | 饱 和 失 真 | 两种都出现 | 无　失　真 |
|---|---|---|---|---|
| 调整方法 | 减小 $R_w$ | 增大 $R_w$ | 减小输入信号 | 增大输入信号 |

根据示波器上观察到的现象，做出不同的调整动作，反复进行。当加大输入信号，两种失真同时出现；减小输入信号，两种失真同时消失，可以认为此时的静态工作点正好处于交流负载线的中点，也就是最佳的静态工作点。去掉输入信号，测量此时的 $U_{CEQ}$ 就得到了静态工作点。

**3. 实验步骤**

（1）静态工作点测试

1）打开 Multisim 仿真软件，从晶体管库中取出 NPN 型晶体管 2N2222，从元件库里取出测试电路中需要的电阻、电容，按图 5-4 连接好电路。

2）改变元件属性，在每个元件上双击鼠标，即可显示元件属性对话框，例如，双击电位器，将其名称改为 Rw 及"控制键（Key）"改为"A"，每次阻值改变量改为 1%，这样在使用中每按一次〈A〉键，电位器阻值就增加 1%，要想减小阻值，按〈Shift+A〉组合键。分别对图中元件属性进行修改，将名称改为图 5-4 中所示。

3）接入信号发生器和示波器，示波器 A 通道接放大器输入信号，B 通道接放大器的输出信号，在示波器 B 通道连线上单击鼠标右键，在弹出的"颜色"对话框中，选择 B 通道波形显示颜色为蓝色。

4）打开仿真开关，双击示波器图标，显示示波器面板，在输入端加入 1 kHz、幅度为 20 mV 的正弦波，如图 5-5 所示，调节电位器及改变信号发生器的信号幅度，使示波器输出显示波形最大限度不失真，如图 5-6 所示。

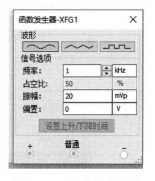

图 5-5 函数信号发生器
面板设置

5）使输入信号为 0，用万用表测量晶体管三个电极分别对地电压 $U_B$、$U_C$、$U_E$。万用表连接如图 5-7 所示，设置万用表为电压表，打开仿真开关，万用表显示数据如图 5-8 所示，根据 $I_{EQ} = U_E/R_e$，得出 $I_{CQ} \approx I_{EQ}$。

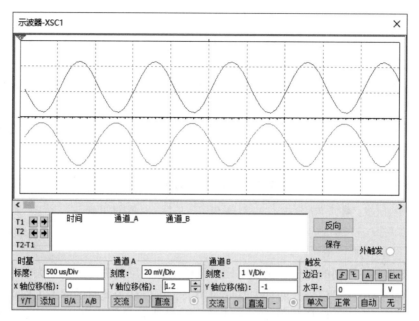

图 5-6　示波器面板波形显示

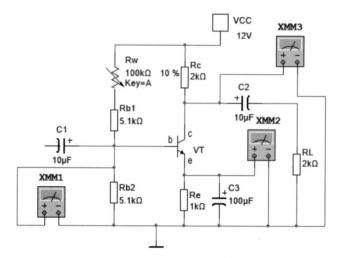

图 5-7　万用表测量晶体管电极的对地电压

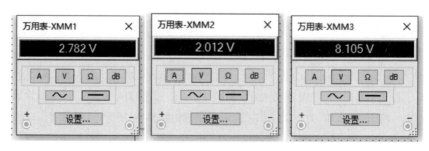

图 5-8　万用表电压显示数据

6）将测量结果填入表5-4中，并与估算值进行比较。

表5-4　单管共射极放大电路静态工作点测量数据

| 理论估算值 | | | | | 实际测量值 | | | | |
|---|---|---|---|---|---|---|---|---|---|
| $U_B$ | $U_C$ | $U_E$ | $U_{CE}$ | $I_C$ | $U_B$ | $U_C$ | $U_E$ | $U_{CE}$ | $I_C$ |
| | | | | | | | | | |

（2）电压放大倍数的测量

1）用示波器分别测出 $u_i$ 和 $u_o$ 的大小，然后计算电压放大倍数。

2）放大电路输出端接入 2 kΩ 的负载电阻 $R_L$，保持输入电压 $u_i$ 不变，测出此时的输出电压 $u_o$，并算出此时的电压放大倍数，分析负载对放大电路电压放大倍数的影响。

3）用示波器观察 $u_i$ 和 $u_o$ 的相位关系。

（3）静态工作点对输出波形的影响

当静态工作点偏低时，接近截止区，交流量在截止区不能被放大，使输出电压的波形正半周被削顶，产生截止失真。当静态工作点偏高时，接近饱和区，交流量在饱和区不能被放大，使输出电压波形负半周被削底，产生饱和失真。可对电路进行适当调整，例如，输出电压波形负半周被削底，说明产生了饱和失真。出现饱和失真，是因为 $R_w$ 太小，可以增大 $R_w$ 及 $R_b$，使静态工作点下移。

将频率为 1 kHz 的正弦信号加在放大器的输入端，使输出波形为不失真的正弦波。调整 $R_w$ 的大小，观察输出信号的波形。

# 5.3　场效应晶体管放大电路测试

**1. 实验目的**

1）掌握场效应晶体管放大电路静态工作点的测试和调整方法。

2）观察静态工作点对放大电路输出波形的影响。

**2. 实验内容及步骤**

（1）创建仿真电路

创建如图 5-9 所示场效应晶体管放大电路。具体步骤如下：

1）打开 Multisim 仿真软件，从晶体管库中取出 NPN 型晶体管 2N3684，从元件库中取出测试电路中需要的电阻、电容，按图 5-9 连接好电路。

2）改变元件属性，在每个元件上双击鼠标，即可显示元件属性对话框，分别对图中元件属性进行修改。

3）接入信号发生器和示波器，示波器 B 通道接放大器的输出信号。

（2）仿真测试

1）打开仿真开关，双击示波器图标，显示示波器面板，在输入端加入 1 kHz、幅度为 20 mV 的正弦波，改变信号发生器的信号幅度，使示波器输出显示波形最大限度不失真，如图 5-10 所示。

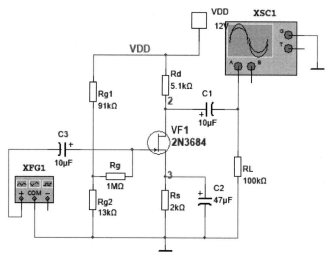

图 5-9　场效应晶体管放大电路

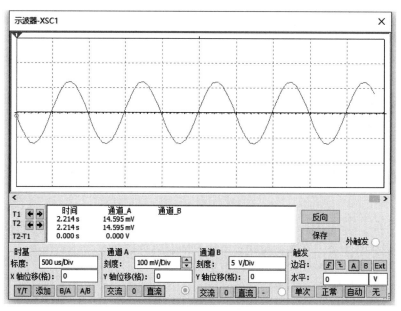

图 5-10　场效应晶体管放大电路输出波形

2）静态工作点的测量与调整。将输入信号断开，接通+12 V 电源，用直流电压表测量 $U_G$、$U_S$ 和 $U_D$。检查静态工作点是否在特性曲线放大区的中间部分。若不合适，适当调整电阻 $R_{g1}$ 和 $R_{g2}$，调整好后如合适则把结果记入表 5-5 中。

表 5-5　场效应晶体管放大电路静态工作点测量数据

| 仿真测量值 | | | | | | 理论计算值 | | |
|---|---|---|---|---|---|---|---|---|
| $U_G$ | $U_S$ | $U_D$ | $U_{DS}$ | $U_{GS}$ | $I_D$ | $U_{DS}$ | $U_{GS}$ | $I_D$ |
| | | | | | | | | |

3）电压放大倍数和输出电阻的测量。打开信号发生器的电源，输入信号为 $f=1\,\mathrm{kHz}$ 的正弦信号（$u_i$ 为 50~100 mV），并用示波器监视输出电压 $u_o$ 的波形，在输出电压 $u_o$ 没有失真

70

的条件下，分别测量 $R_L = \infty$ 和 $R_L = 10\,\mathrm{k\Omega}$ 时输出电压 $U_o$，根据测量数据计算电压放大倍数和输出电阻。

## 5.4 射极跟随器测试

**1. 实验目的**

1) 进一步掌握静态工作点的调试方法，深入理解静态工作点的作用。

2) 调节电路的跟随范围，使输出信号的跟随范围最大。

3) 测量电路的电压放大倍数、输入电阻和输出电阻。

4) 测量电路的频率特性。

**2. 实验原理**

在射极跟随器电路中，信号由基极和地之间输入，由发射极和地之间输出，集电极交流等效接地，所以，集电极是输入/输出信号的公共端，故称为共集电极电路。又由于该电路的输出电压是跟随输入电压变化的，所以又称为射极跟随器。

**3. 实验电路**

射极跟随器电路如图 5-11 所示。

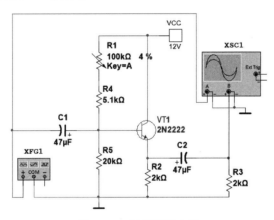

图 5-11　射极跟随电路

**4. 实验内容及步骤**

1) 静态工作点的调整。按图 5-11 连接电路，输入信号由信号发生器产生一个幅度为 100 mV、频率为 1 kHz 的正弦信号。调节 $R_1$，使信号不失真输出。

2) 跟随范围调节。增大输入信号直到输出出现失真，观察出现了饱和失真还是截止失真，再增大或减小 $R_1$，使失真消除。再次增大输入信号，若出现失真，再调节 $R_1$，使输出波形达到最大限度不失真，此时电路的静态工作点是最佳工作点，输入信号是最大的跟随范围。最后输入信号增加到 4 V，$R_1$ 调在 4%，电路达到最大不失真输出。最大输入、输出信号波形如图 5-12 所示。

3) 测量电压放大倍数。观察图 5-12 所示输入、输出波形，射极跟随器的输出信号与输入信号同相，幅度基本相等，所以，放大倍数为 1。

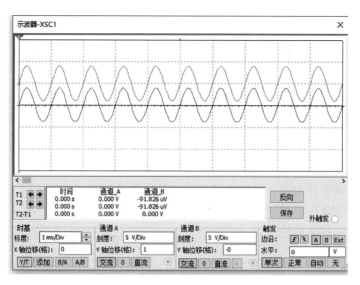

图 5-12 最大输入、输出信号波形

4）测量输入电阻。测量输入电阻电路如图 5-13 所示，在输入端接入电阻 $R_6 = 1\,\mathrm{k\Omega}$，XMM1 调到交流电流档，XMM2 调到交流电压档，输入端输入频率为 1000 Hz、电压为 1 V 的输入信号，示波器监测输出波形不能失真。打开仿真开关，两台万用表的读数如图 5-14 所示。所以，电路的输入电阻为

$$R_{\mathrm{i}} = \frac{U_{\mathrm{i}}}{I_{\mathrm{i}}} = \frac{615.877 \times 10^{-3}}{91.215 \times 10^{-6}}\,\mathrm{k\Omega} \approx 6.8\,\mathrm{k\Omega}$$

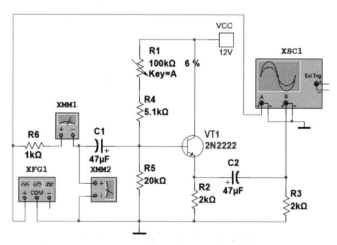

图 5-13　输入电阻测试电路

5）测量输出电阻。将电路的输入端短路，负载拆除，在输出端加交流电源，测量输出端的电压和电流，测量电路如图 5-15 所示，测量结果如图 5-16 所示。

电路的输出电阻为

$$R_{\mathrm{o}} = \frac{U_{\mathrm{o}}}{I_{\mathrm{o}}} = \frac{70.712 \times 10^{-3}}{5.532 \times 10^{-3}}\,\Omega \approx 12.8\,\Omega$$

图 5-14　输入电阻测量结果

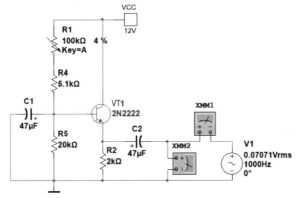

图 5-15　输出电阻测量电路

图 5-16　输出电阻测量结果

**5. 结论**

射极跟随器具有下列特点：

1）电压放大倍数接近于 1，输出与输入同相，输出信号跟随输入信号的变化，电路没有电压放大能力。

2）输入电阻高，输出电阻低，说明电路具有阻抗变换作用，带负载能力强。

# 5.5　差动放大电路测试

**1. 实验目的**

1）构建差动放大电路，熟悉差动放大电路的结构特点。

2）分析差动放大电路的放大性能，掌握差动放大电路差模放大倍数、共模放大倍数和共模抑制比的测量。

3）观察和了解差动放大电路对零点漂移的抑制能力。

**2. 实验原理**

基本差动放大电路可以看成由两个电路参数完全一致的单管共射极电路所组成。差动放大电路对差模信号有放大能力，而对共模信号具有抑制作用。差模信号指电路的两个输入端输入大小相等、极性相反的信号。共模信号指电路两个输入端输入大小相等、极性相同的信号。差动放大电路有双端输入和单端输入两种输入方式，有双端输出和单端输出两种输出方式。单端输入可以等效成双端输入，所以，下面研究双端输入、单端输出和双端输出时差模放大倍数、共模放大倍数及共模抑制比。

**3. 实验电路**

实验电路如图 5-17 所示，这是一个双端输入长尾式差动放大电路，输入信号是频率为 1 kHz、幅度为 100 mV（有效值为 70.71 mV）的正弦交流信号。

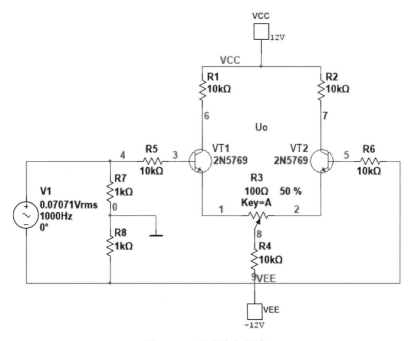

图 5-17　差动放大电路

**4. 实验内容及步骤**

1）测量差模输入时电路的放大倍数。按图 5-17 连接电路，用示波器同时测量两输入端的波形，可以看到两输入信号幅度都是 50 mV，且相位相反。

测量输出信号波形，可以采用示波器观察单端输出的波形，但由于还要测量双端输出时的输出波形，所以下面用瞬态分析的方法得到两单端输出的波形，再利用后处理器，将两波形相减得到双端输出电压波形。

启动分析菜单中的"Transient Analysis..."命令，在弹出的对话框中选取两输出端（节点 6 和 7）为分析变量，将 End time 设置为 0.002s，其余相不变，仿真结果如图 5-18 所示。

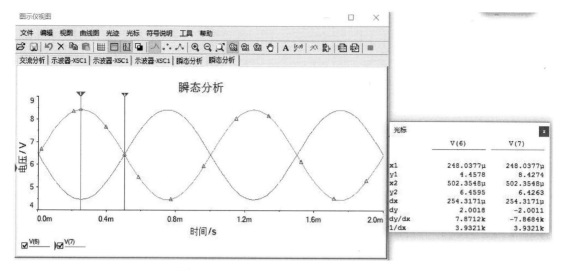

图 5-18　差动放大电路单端输出电压波形

从图 5-19 中可以看出，两个输出端输出电压的交流成分大小相等，方向相反，由于输出端没有隔直电容，因此输出中叠有直流分量，这个直流分量是静态时 $U_c$ 的值。单端输出（节点 7 端输出）交流分量的输出幅值约为 $(8.43-6.43)V = 2V$，单端输出差模电压放大倍数 $A_{ud1} = 2V/100 mV = 20$。

启动后处理器，设置后处理方程为 $V(6)-V(7)$，得到双端输出电压波形，如图 5-19 所示。

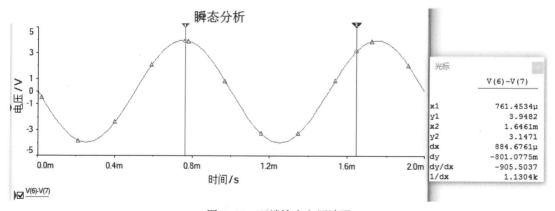

图 5-19　双端输出电压波形

从图 5-19 中可以看出，双端输出时只有交流成分，直流分量为 0，这是因为从双端输出时，直流分量相互抵消。双端输出交流电压的幅值为 3.9482 V，双端输出差模电压放大倍数 $A_{ud} = 3.9482 V/100 mV = 39.482$，约为单端输出时的 2 倍。

2）测量共模输入时电路的放大倍数。共模输入时电路如图 5-20 所示。

当输入共模信号时，用瞬时分析法分析得到电路单端输出波形如图 5-21 所示。从图中可以看出，由于 Multisim 各仿真元件非常一致，在共模作用时，单端输出时两输出端得到的信号完全相同，这时信号中既有直流成分（静态值），又有交流成分（输出信号），输出信号的峰峰值为 $(6.4874-6.3904)V = 0.097V$，幅值为 $0.0970/2 V = 0.0485V$。单端输出时共

模电压放大倍数 $A_{uc1} = 0.0485 \, \text{V}/100 \, \text{mV} = 0.485$。

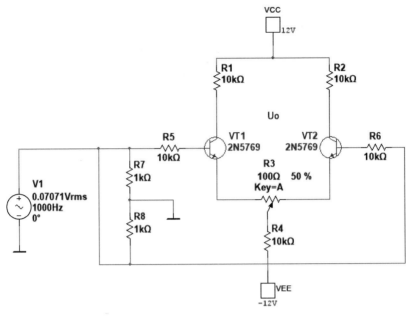

图 5-20 共模输入时电路

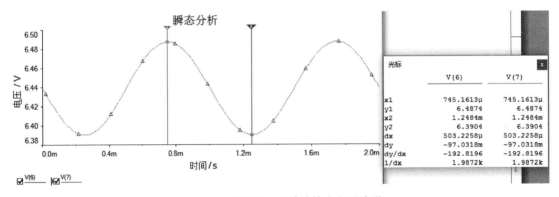

图 5-21 共模输入时单端输出电压波形

若采用双端输出,输出信号几乎为 0,共模放大倍数 $A_{uc1} \approx 0$。

3) 共模抑制比。单端输出时共模抑制比为

$$K_{CMR1} = \frac{A_{ud1}}{A_{uc1}} = \frac{20}{0.485} \approx 41.24$$

双端输出时共模抑制比为

$$K_{CMR} = \frac{A_{uc}}{A_{ud}}$$

因为共模放大倍数 $A_{uc1} \approx 0$,所以共模抑制比趋近于 $\infty$。

**5. 结论**

1) 差动放大电路对差模信号有放大能力,对共模信号有抑制作用。

2) 电路差模放大倍数越大,共模放大倍数越小,则共模抑制比越大,电路性能越好。

3）双端输出比单端输出性能要好。

**6. 思考题**

1）如何进一步提高单端输出时电路的共模抑制比？

2）当信号单端输入时，如何等效成双端输入进行分析？


# 5.6　负反馈放大电路测试

**1. 实验目的**

1）构建负反馈放大电路，掌握电路引入负反馈的方法。

2）研究负反馈对放大电路性能的影响。

**2. 实验原理**

在放大电路中引入负反馈，可以改善放大电路的性能指标，如提高增益的稳定性、减小非线性失真、展宽通频带以及改变输入输出电阻等。根据引入反馈方式的不同，可以分为电压串联型负反馈、电压并联型负反馈、电流串联型负反馈和电流并联型负反馈。

**3. 实验电路**

实验电路如图 5-22 所示。调整 $R_{w1}$ 大小，从而可以调整第一级放大电路的静态工作点；调整 $R_{w2}$ 大小，从而可以调整第二级放大电路的静态工作点；控制 $S_1$ 接不同的负载；控制 $J_1$ 闭合或断开，当 $J_1$ 断开时，电路是一个两级共射极放大电路；当 $J_1$ 闭合时，电路中引入电压串联负反馈。

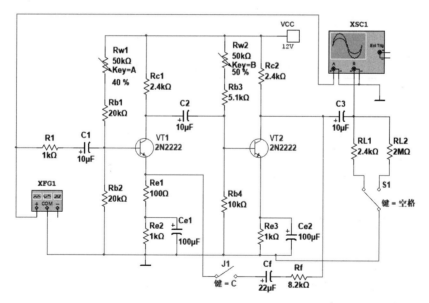

图 5-22　负反馈放大电路

**4. 实验内容及步骤**

1）测量电压放大倍数。按图 5-22 连接电路，设置信号源为幅值 2 mV、频率为 1 kHz 的正弦交流信号。调整静态工作点，使电路工作在放大状态。控制 $J_1$ 选择是否接入负反馈，

控制 $S_1$ 选择不同的负载，示波器监测输出波形，在输出波形不失真的情况下，用万用表交流电压档测量输出电压的大小，将数据填入表 5-6 中。

表 5-6 负反馈放大电路电压放大倍数测量数据

| 测 试 电 路 | 负载/$\Omega$ | $U_i$/mV | $U_o$/mV | 增益 $A_u$ |
|---|---|---|---|---|
| 不加负反馈<br>（$J_1$ 断开） | | | | |
| | | | | |
| 引入负反馈<br>（$J_1$ 闭合） | | | | |
| | | | | |

分析表 5-6 中数据可知，在放大电路引入负反馈后，降低了放大倍数。在无负反馈时，当负载电阻减小时，放大器输出减小，即放大器的放大倍数稳定性差。在有负反馈时，负载的改变对放大器的输出基本上没有影响，即提高了放大器的放大倍数稳定性。

2）测量输入电阻。通过测量输入电压和输入电流来计算输入电阻。

分析表 5-7 中数据可知，引入电压串联负反馈后，提高了放大电路的输入电阻。

表 5-7 负反馈放大电路输入电阻测量值

| 测试电路 | $U_i$/mV | $I_i$/mA | $R_i = U_i / I_i / \Omega$ |
|---|---|---|---|
| 不加负反馈（$J_1$ 断开） | | | |
| 引入负反馈（$J_1$ 闭合） | | | |

3）测量输出电阻。通过测量输出端接负载（$R_L = 2.4\,\text{k}\Omega$）时的输出电压和不接负载时的输出电压 $U_o$，计算输出电阻值。

分析表 5-8 中数据可知，引入电压串联负反馈后，降低了放大电路的输出电阻。

表 5-8 负反馈放大电路输出电阻测量值

| 测 试 电 路 | $U_{oL}$/mV | $U_o$/V | $R_o = (U_o / U_{oL} - 1) / R_L / \Omega$ |
|---|---|---|---|
| 不加负反馈（$J_1$ 断开） | | | |
| 引入负反馈（$J_1$ 闭合） | | | |

4）观察负反馈对非线性失真的改善。将输入信号幅值改为 20 mV，负载接 $R_{L1}$，按 〈space〉键断开 $J_1$，不接负反馈，打开仿真开关，用示波器观察输入、输出信号波形，如图 5-23 所示，由图可看出输出波形出现严重失真。按闭合 $J_1$ 引入负反馈，打开仿真开关，观察到的输入、输出波形如图 5-24 所示，由图可看出非线性失真已基本消除。

**5. 结论**

引入负反馈可以改善电路的以下性能：

1）提高放大倍数的稳定性。

2）减小电路的非线性失真。

3）改变输入、输出电阻的大小。

**6. 思考题**

1）反馈电阻对负反馈放大倍数和通频带有什么影响？在 Multisim 中如何快速地观察反馈电阻的参数变化对负反馈放大倍数的影响？

2）电源电压的波动对负反馈增益是否有影响？

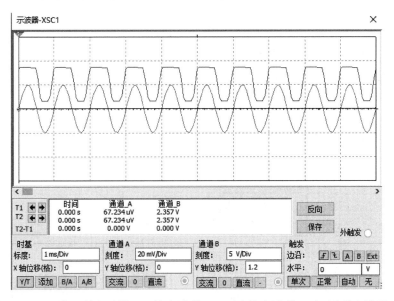

图 5-23　无负反馈电路输入、输出波形（上面为输出波形，下面为输入波形）

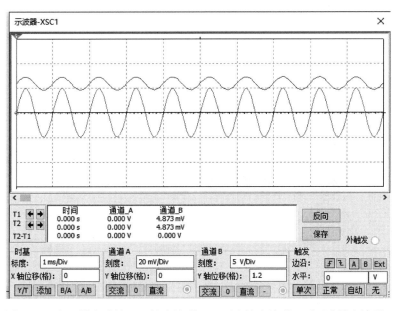

图 5-24　负反馈电路输入、输出波形（上面为输出波形，下面为输入波形）

## 5.7　基本集成运算电路测试

### 1. 实验目的
1）练习集成运算放大器的电路连接。
2）研究基本运算放大电路的运算关系。

**2. 实验内容及步骤**

（1）同相比例运算放大电路

1）创建仿真电路。打开 Multisim 仿真软件，在电路工作区创建如图 5-25 所示的同相比例运算放大电路，参照图中数据设置电路元器件的参数。

2）打开仿真开关，双击万用表图标，将万用表设置为电压表，读取万用表指示的输入、输出电压数值，如图 5-26 所示。双击示波器图标，示波器面板上显示的电路输入、输出波形如图 5-27 所示。

3）将测试数据与理论数据比较。

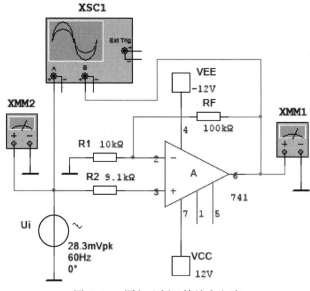

图 5-25　同相比例运算放大电路

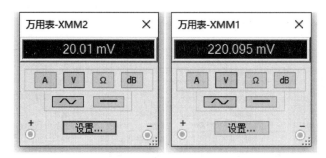

图 5-26　同相比例运算放大电路的输入、输出电压

（2）反相比例运算放大电路

1）创建仿真电路。打开 Multisim 仿真软件，在电路工作区创建如图 5-28 所示的反相比例运算放大电路，参照图中数据设置电路元器件的参数。

2）打开仿真开关，双击万用表图标，将万用表设置为电压表，读取万用表指示的输入、输出电压数值，如图 5-29 所示。双击示波器图标，示波器面板上显示的电路输入、输出波形如图 5-30 所示。

3）将测试数据与理论数据比较并计算电压放大倍数。

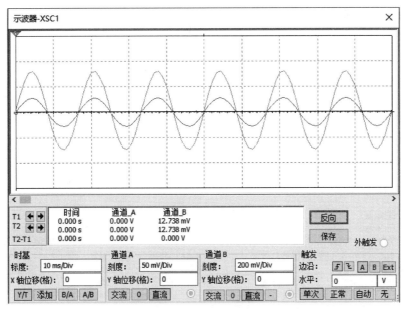

图 5-27　同相比例运算放大电路的输入、输出波形

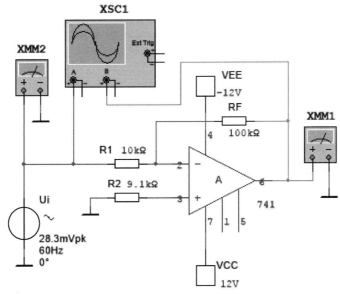

图 5-28　反相比例运算放大电路

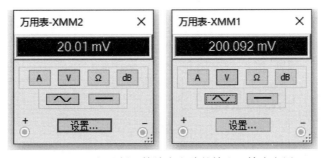

图 5-29　反相比例运算放大电路的输入、输出电压

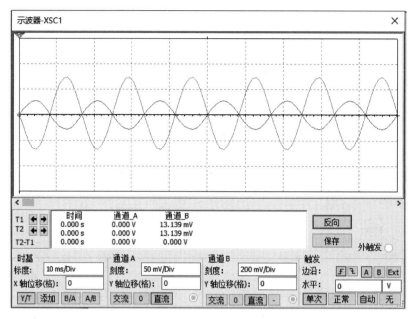

图 5-30　反相比例运算放大电路的输入、输出波形

## 5.8　RC 正弦波振荡器测试

**1. 实验目的**

1）掌握 RC 正弦波振荡器的组成及其振荡条件。

2）学会测量、调试振荡器电路。

**2. 实验内容及步骤**

1）创建仿真电路。按图 5-31 所示电路连接好仿真电路。元器件参数按照电路标注设置。

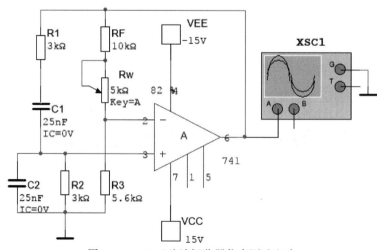

图 5-31　RC 正弦波振荡器仿真测试电路

2）启动仿真按钮，双击示波器图标，观察示波器面板有无正弦波输出。若无输出，可调节 $R_w$ 使电路产生振荡。观察输出波形的情况，如出现图 5-32 所示波形，说明输出产生失真。适当减小 $R_w$，可以得到无明显失真的正弦波，如图 5-33 所示。

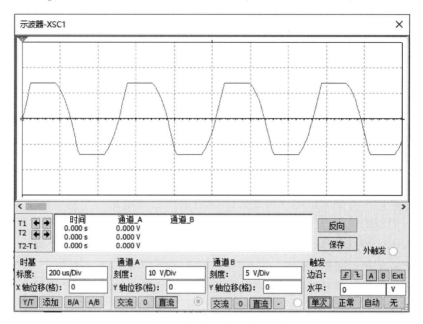

图 5-32　振荡器输出波形失真

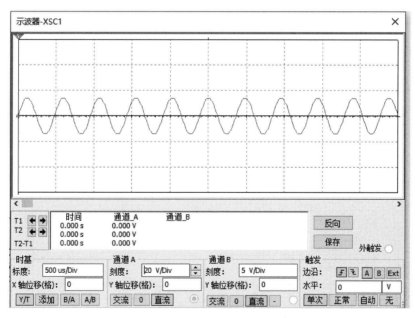

图 5-33　RC 正弦波振荡器输出波形

3）根据示波器测得的正弦波，读出其周期，计算振荡波的频率，并与理论值比较。

## 5.9　比较器电路测试

### 1. 实验目的
1）用集成运算放大器设计并分析过零比较器性能。
2）用集成运算放大器设计并分析滞回比较器性能。
3）用集成运算放大器设计并分析窗口比较器性能。

### 2. 实验原理
电压比较器的功能是能够将输入信号与一个参考电压进行大小比较，并用输出高、低电平来表示比较的结果。电压比较器的特点是电路中的集成运算放大器工作在开环或正反馈状态。输出与输入之间呈现非线性传输特性。

过零比较器的特点是阈值电压等于零。阈值电压指输出由一个状态跳变到另一个状态的临界条件所对应的输入电压值。

滞回比较器的特点是具有两个阈值电压。当输入逐渐由小增大或由大减小时，阈值电压不同。滞回比较器抗干扰能力强。

窗口比较器的特点是能检测输入电压是否在两个给定的参考电压之间。

### 3. 实验电路
过零比较器、滞回比较器和窗口比较器的实验电路分别如图 5-34~5-36 所示。

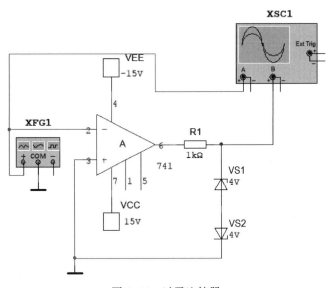

图 5-34　过零比较器

### 4. 实验内容及步骤
1）构建图 5-34 所示的过零比较器电路，稳压二极管采用 IN4733A。信号发生器产生频率为 1 kHz、幅值为 2 V 的正弦信号。打开仿真开关，用示波器观察过零比较器的输入、输出波形，移动数据指针，读取输出波形的幅值。过零比较器的输入、输出波形如图 5-37 所示，从波形可以看出，输入信号过零时，输出信号就跳变一次。输出高低电平的值由稳压二极管限制, 约为 4 V。

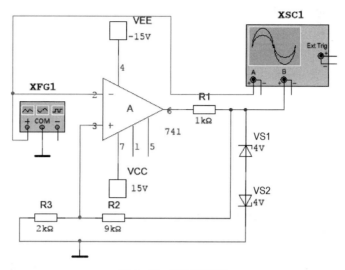

图 5-35　滞回比较器

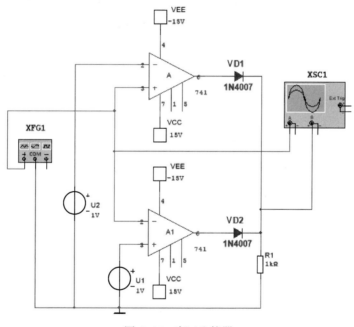

图 5-36　窗口比较器

2）构建图 5-35 所示的滞回比较器电路。打开仿真开关, 示波器观察到的输入、输出波形如图 5-38 所示。移动数据指针, 可以读取其幅值, 当输入由小到大逐渐增大到 1.1 V 时, 输出由高电平跳变到低电平; 当输入由大到小逐渐减小到-1.1 V, 输出由低电平跳变到高电平。因此, 该滞回比较器的下限阈值电压为-1.1 V, 上限阈值电压为 1.1 V。

3）构建图 5-36 所示的窗口比较器电路。打开仿真开关, 示波器观察到的输入、输出波形如图 5-39 所示。由于两个参考电压分别是 1 V 和-1 V, 可以观察到, 当输入信号处于

-1~1 V 窗口范围内时，输出为低电平，在窗口外，不管信号如何，输出均为高电平。该窗口比较器的上、下限阈值电压分别是 1 V 和-1 V。

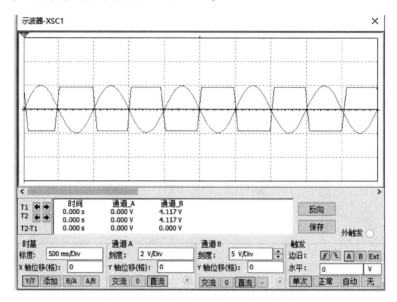

图 5-37　过零比较器输入、输出波形

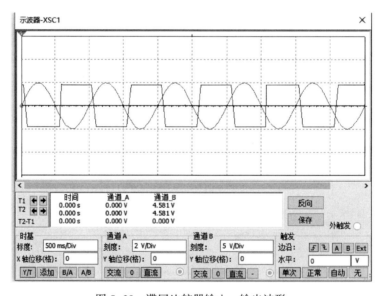

图 5-38　滞回比较器输入、输出波形

### 5. 结论

比较上面三种形式的比较器，虽然电路的性能不同，但共同点是输出不是高电平就是低电平，再仔细观察电路，可以发现集成运算放大器不是工作在开环状态就是工作在正反馈状态，所以，电路工作在集成运算放大器的非线性区。

### 6. 思考题

1）如何改变滞回比较器的上、下限阈值电压？

2) 窗口比较器中 VD$_1$ 和 VD$_2$ 两只二极管的作用是什么?

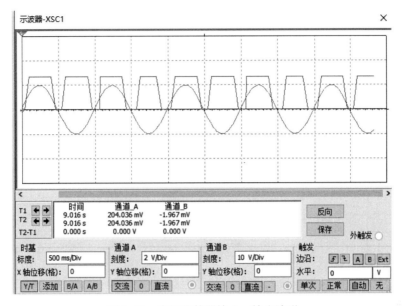

图 5-39  窗口比较器输入、输出波形

# 5.10  有源滤波电路测试

### 1. 实验目的

1) 构建有源低通滤波电路,掌握有源滤波电路的结构形式。

2) 分析有源低通滤波电路性能。

### 2. 实验原理

滤波器是一种能使有用频率信号通过而同时抑制无用频率信号的电子器件。RC 电路具有选频作用,但对信号没有放大作用,而且带负载能力很差,因此,通常采用 RC 选频网络与有源器件相配合组成有源滤波器。有源滤波器按通过频率的范围,可分为高通、低通、带通和带阻等。本次实验主要研究有源低通滤波电路。有源低通滤波电路允许从零到某个截止频率的信号无衰减地通过,而对其他的频率信号有抑制作用。

一阶有源低通滤波电路由一节 RC 电路和同相比例放大电路构成。其通带电压放大倍数为同相比例放大电路的放大倍数,即为 $A_o = 1 + (R_f/R_i)$,截止角频率 $\omega_o = 1/RC$,传递函数为

$$A(s) = \frac{A_o}{1 + \dfrac{s}{\omega_o}}$$

一阶有源滤波电路的滤波效果不够好。当信号频率大于截止频率时,信号的衰减率只有 20 dB/十倍频。而且在截止频率附近,有用信号也受到衰减。

### 3. 实验电路

一阶低通滤波电路如图 5-40 所示。

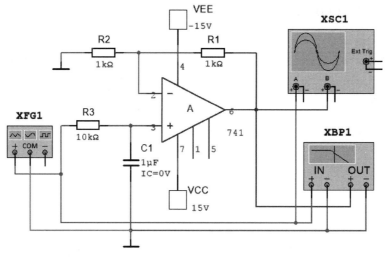

图 5-40　一阶低通滤波器

### 4. 实验内容及步骤

分析一阶低通滤波电路的性能：按图 5-40 构建一阶低通滤波电路。信号发生器设置为产生频率为 10 Hz、幅值为 1 V 的正弦信号。打开仿真开关，示波器上显示一阶有源低通滤波电路的输入、输出波形，如图 5-41 所示。输出信号的相位滞后输入信号的相位，低通滤波电路的相位是滞后型的。测量输入、输出波形的幅值分别为 1 V 和 1.6 V，计算得到电压放大倍数约为 1.6。同相比例运算放大电路的放大倍数为 2，信号有所衰减。

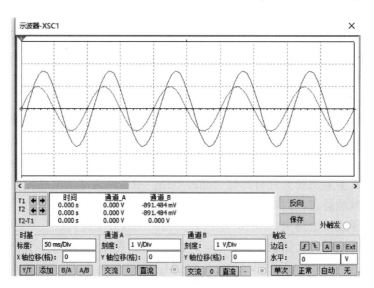

图 5-41　一阶有源滤波电路的输入、输出波形

波特图仪测量的幅频特性曲线如图 5-42 所示，从幅频特性曲线可以看出，这是一个低通电路，移动数据指针到最大值的 0.707 倍处，得到截止频率约为 15 Hz。再将指针移到 10 Hz 处，可以读得放大倍数约为 1.6，与波形测量结果是吻合的。

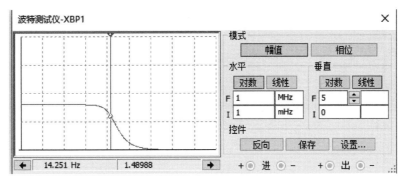

图 5-42　一阶有源滤波电路的频率特性

# 5.11　矩形波及三角波发生器设计

**1. 实验目的**

1）掌握非正弦波发生电路的基本结构。

2）掌握非正弦波发生电路的基本设计、分析和调试方法。

3）理解非正弦波发生电路的基本性能特点

**2. 实验内容及步骤**

（1）矩形波发生电路

1）创建仿真电路。矩形波发生仿真测试电路如图 5-43 所示。

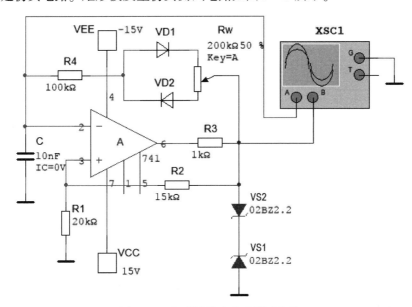

图 5-43　矩形波发生仿真测试电路

2）启动仿真按钮，双击示波器图标，观察示波器面板有振荡输出。

3）当电位器 $R_w$ 的滑动端调整在中间位置，输出波形为正负半周对称的矩形波，如图 5-44 所示。可以根据波形读出矩形波的幅度和周期。

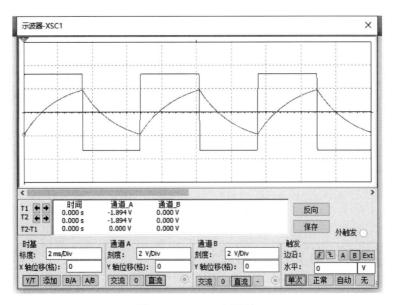

图 5-44 $T_1 = T_2$ 矩形波

4）将 $R_w$ 的滑动端向上移动，矩形波的正半周 $T_1$ 增大，负半周 $T_2$ 减小，如图 5-45 所示，相反，如果 $R_w$ 的滑动端下移动，矩形波的正半周 $T_1$ 减小，负半周 $T_2$ 增大。

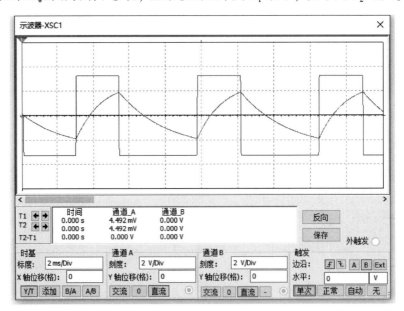

图 5-45 $T_1 < T_2$ 矩形波

5）当 $R_w$ 滑动到最下端时，波形如图 5-46 所示，可以根据波形读出矩形波的幅度和周期。

（2）三角波发生电路仿真

1）创建仿真电路。三角波发生仿真测试电路如图 5-47 所示。

2）启动仿真按钮，双击示波器图标，观察示波器面板输出波形如图 5-48 所示。可以根据波形读出三角波的幅度和周期。

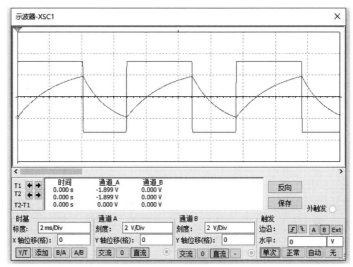

图 5-46 $T_1 > T_2$ 矩形波

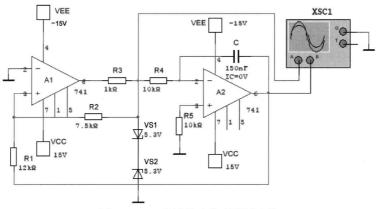

图 5-47 三角波发生仿真测试电路

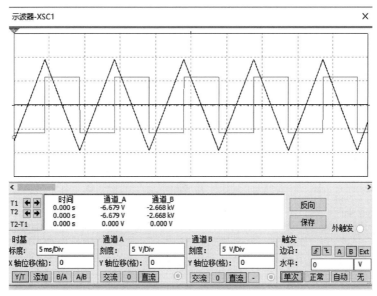

图 5-48 三角波输出波形

## 5.12　功率放大电路测试

### 1. 实验目的

1) 掌握功率放大电器的工作原理。

2) 观察乙类功率放大电路输出波形产生交越失真。

3) 依据功率放大电路输入/输出波形测试值，计算电压增益和最大平均输出功率。

### 2. 实验内容及步骤

（1）乙类功率放大电路

1) 创建仿真电路。在 Multisim 仿真软件的电路工作区域编辑如图 5-49 所示电路，其中 $R_1 = R_2 = 150\ \Omega$，信号源参数设置为 $u_i = 2\ \mathrm{V}$，$f = 1\ \mathrm{kHz}$，其他元器件参数按照电路图设置。

2) 电路仿真。电路连接好后单击运行，用鼠标双击示波器图标，在打开的示波器面板上可以看到有交越失真的输出波形，如图 5-50 所示。

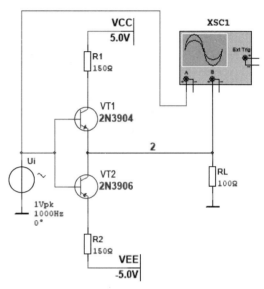

图 5-49　乙类功率放大电路测试图

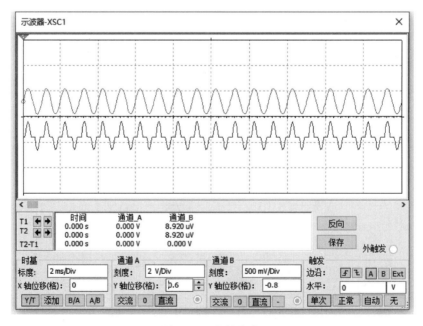

图 5-50　交越失真

（2）甲乙类功率放大电路

1）创建仿真电路。为减少交越失真，可给 VT$_1$、VT$_2$ 放射结增加适当的正向偏压，以便产生一个不大的静态偏流，使 VT$_1$、VT$_2$ 导通时间稍微超过半个周期，即工作的甲乙类状态，创建仿真电路如图 5-51 所示。图中二极管 VD$_1$、VD$_2$ 用来提供偏置电压。电路元器件参数按照电路图设置。

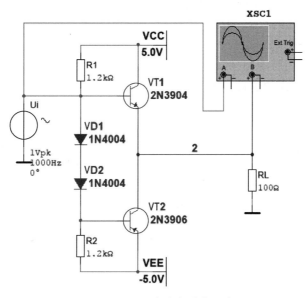

图 5-51　甲乙类功率放大电路

2）电路仿真。电路连接好后单击运行，用鼠标双击示波器图标，在打开的示波器面板上可以看到输出波形，交越失真消失，如图 5-52 所示。

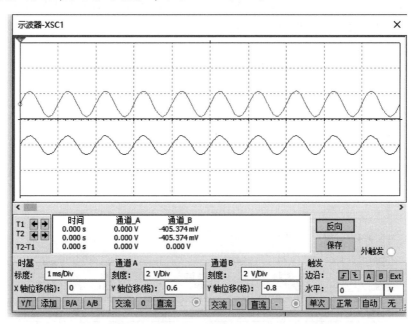

图 5-52　甲乙类功率放大电路输入、输出波形

## 5.13 直流稳压管电路测试

**1. 实验目的**

1）研究稳压管在稳压电路中的作用。

2）掌握稳压管电路的测试方法。

**2. 实验内容及步骤**

1）创建测试电路。启动 Multisim 仿真软件，创建如图 5-53 所示电路，按图中所示选择元器件参数，示波器 A 通道接稳压前，B 通道接稳压后。

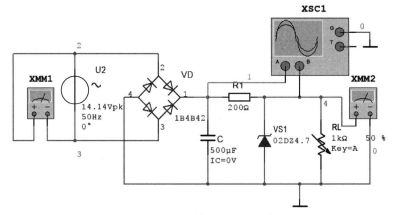

图 5-53　稳压管稳压测试电路

2）电路连接好后，打开仿真开关，运行电路，用鼠标双击示波器，弹出的面板中可以观察到如图 5-54 所示波形，其中，锯齿波为稳压前的波形，水平波为稳压后的波形。可见，稳压后的输出是十分稳定的直流电压。

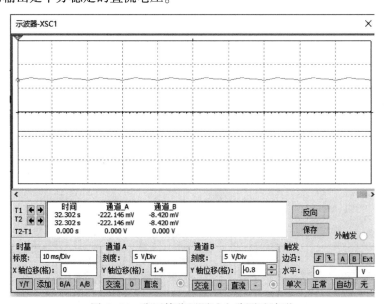

图 5-54　稳压管稳压测试电路测试波形

3）双击万用表图标，设置万用表面板显示为电压表，观察电压表显示数据，如图 5-55 所示。

图 5-55　万用表测试电压

4）按下键盘按键〈A〉，改变 $R_L$ 的数值，观察示波器面板显示波形及万用表面板显示数值。

# 第3部分 电路实验

# 第6章 直流电路基础实验

## 6.1 电阻元件伏安特性的测试

**1. 预习要求**

1）线性电阻和非线性电阻的概念是什么？

2）举例说明哪些元件是线性电阻，哪些元件是非线性电阻，它们的伏安特性曲线是什么形状？

**2. 实验目的**

1）掌握线性电阻、非线性电阻元件伏安特性的逐点测试法。

2）掌握实验装置上直流电工仪表和设备的使用方法。

**3. 实验原理**

任一二端元件的特性都可用该元件上的端电压 $U$ 与通过该元件的电流 $I$ 之间的函数关系 $U=f(I)$ 来表示，这种 $U$ 与 $I$ 的关系称为元件的伏安关系。如果将这种关系表示在 $I$–$U$ 平面上，则称为伏安特性曲线。

线性电阻元件的伏安特性曲线是一条通过坐标原点的直线，如图 6-1 中曲线 a 所示。该直线的斜率倒数等于该电阻元件的阻值 $R$。由图中可知，线性电阻元件的伏安特性对称于坐标原点，这种性质称为双向性，所有电阻元件都具有这种特性。一般的白炽灯在工作时灯丝处于高温状态，其灯丝电阻随着温度的升高而增大，通过白炽灯的电流越大，其温度越高，阻值也越大。一般灯泡的"冷电阻"与"热电阻"的阻值可相差几倍甚至几十倍，其伏安特性如图 6-1 中曲线 b 所示。

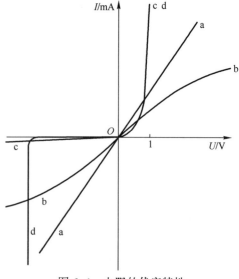

图 6-1 电阻的伏安特性

普通的半导体二极管是一个非线性电阻元件，它的阻值随电流的变化而变化，其伏安特性如图 6-1 中曲线 c 所示。可见，二极管具有单向导电性，正向电压降很小（一般锗管为 0.2~0.3 V，硅管为 0.5~0.7 V），正向电流随正向电压降的升高而急骤上升，而反向电压从零一直增加到十几伏甚至几十伏时，其反向电流增加很小，粗略地可视为零。但反向电压加得过高，超过管子的极限值，则会导致管子击穿损坏。稳压二极管是一种特殊的半导体二极管，其正向特性与普通二极管类似，但其反向特性较特别，如图 6-1 中曲线 d 所示。在反向电压开始增加时，其反向电流几乎为零，但当反向电压增加到某一数值（称为管子的稳压值）时，电流突然增加，以后它的端电压将维持恒定，不再随外加的反向电压升高而增大。

### 4. 实验仪器及设备

1）DGJ-3 型电工技术实验装置：直流数字电压表、直流数字毫安表。

2）DGJ-3 型电工技术实验装置是根据我国目前"电工技术""电工学"教学大纲和实验大纲的要求而开发的，满足学校"电工学""电工技术"课程的实验要求。该装置由实验屏、实验桌及若干实验组件挂箱等组成。

3）直流数字电压表电压测量范围为 0~1000 V，分 4 个量程档：2 V、20 V、200 V 和 1000 V，用琴键开关切换，三位半数码管显示，输入阻抗为 10 MΩ，测量准确度等级为 0.5 级，有过电压保护功能。

4）直流数字毫安表电流测量范围为 0~200 mA，分 3 个量程档：1 mA、20 mA 和 200 mA，用琴键开关切换，三位半数码管显示，测量准确度等级为 0.5 级，有过电流保护功能。

5）DGJ-05 元件挂箱：二极管 1N4007、稳压管 2CW51、白炽灯泡 12V/0.1A、线性电阻器。

6）可调电阻箱：DG11-2。

### 5. 注意事项

1）测量时，可调稳压电源的输出电压由 0 V 缓慢逐渐增加，应时刻注意直流电压表和直流电流表的量程，合理选择仪表的量程，勿使仪表超量程，注意仪表的正负极性。稳压电源输出端切勿碰线短路。

2）换接线路时，应断开电源开关。

### 6. 实验内容及步骤

（1）测定线性电阻器的伏安特性

按图 6-2 所示电路接线，接线电压表通过表笔并联在被测对象两端，电流表通过电流插头串联到被测支路。图中电源 $U$ 选用双路恒压源的可调稳压输出端，以 1 kΩ 电阻为被测对象，电阻两端电压用直流数字电压表测量，电流用直流数字毫安表测量。调节直流稳压电源输出电压 $U$，使电阻两端电压从 0 V 开始缓慢地增加，一直到 10 V，逐点测量对应的电压和电流数据，将测得的数据记入表 6-1 中。实际中，对于线性电阻，如果不知道其阻值，可以按照下式来求得：

$$R = \frac{U}{I} \tag{6-1}$$

表 6-1　线性电阻器的伏安特性测量数据

| $U_L/V$ | 0 | 2 | 4 | 6 | 8 | 10 |
|---|---|---|---|---|---|---|
| $I/mA$ | | | | | | |

（2）测定非线性白炽灯泡的伏安特性

将图 6-2 中的电阻 $R_L$ 换成一只 6.3 V 的白炽灯泡，重复实验内容（1）的步骤。按表 6-2 的形式记下相应的电压表和电流表的读数。对于非线性电阻，其阻值按照下式来求得：

$$R = \frac{\mathrm{d}U}{\mathrm{d}I} \tag{6-2}$$

式（6-2）是求元器件在某电压或某电流处电阻阻值的精确算法，适合线性电阻和非线性电阻，只不过线性电阻其阻值处处相等，可以蜕变为式（6-1）。通过式（6-2），可求得随着电压变化，6.3 V 小灯泡阻值的大小。

表 6-2　非线性白炽灯泡的伏安特性测量数据

| $U/V$ | 0 | 1 | 2 | 3 | 4 | 5 | 6.3 |
|---|---|---|---|---|---|---|---|
| $I/mA$ | | | | | | | |

（3）测定二极管的伏安特性

按图 6-3 所示电路接线，即二极管正接（p 端靠近电源正极，n 端靠近电源负极），电流从 p 端流向 n 端，pn 结电压电流参考方向一致。测二极管的正向特性时，其正向电流不得超过 25 mA，正向电压降可在 0～0.75 V 间取值，特别是在 0.5～0.75 V 间应多取几个测量点。正向伏安特性数据按表 6-3 记录。注意：表中的电压指的是二极管两端的电压，不是电源电压。测二极管 VD 的反向伏安特性（即二极管 p 端靠近电源负极，n 端靠近电源正极）时，将图 6-3 中二极管 VD 反接，或者将电路图中的电源反接也可以，此时二极管电流从 n 端流向 p 端，与二极管正接时电压、电流方向相反。二极管 VD 反向电压可加到 30 V 左右，反向伏安特性实验数据按表 6-4 记录。记录数据时，注意电压表和电流表的符号。

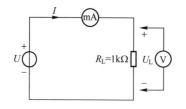
图 6-2　测定线性电阻器的伏安特性

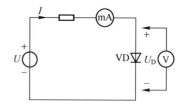
图 6-3　测定二极管的伏安特性

表 6-3　二极管的正向伏安特性测量数据

| $U_{D+}/V$ | 0 | 0.2 | 0.4 | 0.45 | 0.5 | 0.55 | 0.6 | 0.65 | 0.70 | 0.75 |
|---|---|---|---|---|---|---|---|---|---|---|
| $I/mA$ | | | | | | | | | | |

表 6-4　二极管的反向伏安特性测量数据

| $U_{D-}/V$ | 0 | −5 | −10 | −15 | −20 | −25 | −30 |
|---|---|---|---|---|---|---|---|
| $I$/mA | | | | | | | |

（4）测定稳压管的伏安特性

将图 6-3 中的二极管换成稳压二极管，重复实验内容（3）的测量过程。其正、反向电流不得超过 ±20 mA。正向伏安特性实验数据及反向伏安特性实验数据分别按表 6-5 和 6-6 记录。

表 6-5　稳压管的正向伏安特性测量数据

| $U_{Z+}/V$ | 0 | 0.2 | 0.4 | 0.45 | 0.5 | 0.55 | 0.6 | 0.65 | 0.70 | 0.75 |
|---|---|---|---|---|---|---|---|---|---|---|
| $I$/mA | | | | | | | | | | |

表 6-6　稳压管的反向伏安特性测量数据

| $U_{Z-}/V$ | 0 | −1 | −1.5 | −2 | −2.5 | −2.8 | −3 | −3.2 | −3.5 | −3.55 |
|---|---|---|---|---|---|---|---|---|---|---|
| $I$/mA | | | | | | | | | | |

**7. 思考题**

1）线性电阻与非线性电阻的伏安特性有何区别？它们的电阻值与通过的电流有无关系？

2）如何计算线性电阻与非线性电阻的阻值？

3）在电流很小时，白炽灯泡的电阻只有几欧姆，测定它的伏安特性，应采用图 6-4 所示两种接线法的哪一种测试电路更合理，为什么？

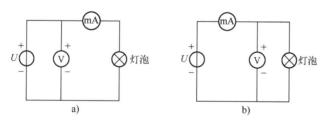

图 6-4　测量白炽灯泡伏安特性的两种接线法

**8. 实验报告要求**

1）根据实验数据，分别在方格纸上绘制出各种元件的伏安特性曲线，注意在图的下方标明元件名称，然后在实验分析中描述该元件伏安特性的特点，最后说明绘制特性曲线是否与实际元件特性相符。

2）根据实验结果，总结和归纳被测电阻器、白炽灯、二极管和稳压管的伏安特性，写出实验结论。

3）回答思考题。

4）写出实验心得体会。

## 6.2 基尔霍夫定律与叠加定理的研究

**1. 预习要求**

1）熟悉基尔霍夫电压定律理论和基尔霍夫电流定律理论。

2）熟悉叠加定理理论。

**2. 实验目的**

1）验证基尔霍夫定律，加深对基尔霍夫定律的理解。

2）验证线性电路叠加定理，加深对线性电路的叠加性和齐次性的认识和理解。

**3. 实验原理**

（1）基尔霍夫定律

基尔霍夫定律是电路的基本定律。它规定了电路中各支路电流之间和各回路电压之间必须服从的约束关系，无论电路元件是线性的或是非线性的，时变的或是非时变的，只要电路是集总参数电路，都必须服从这个约束关系。

基尔霍夫电流定律（KCL）：在集总参数电路中，任何时刻，对于任一节点，所有支路电流的代数和恒等于零，即 $\sum I_i = 0$。通常约定：流出节点的支路电流取正号，流入节点的支路电流为负号。注意：①基尔霍夫电流定律对电流参考方向和实际方向都适用，式子中的电流要么都为参考方向，要么都为实际方向；②验证 KCL 时对于式 $\sum I_i = 0$，既有各项之间电流流入或流出所取的正负号，又有各个 $I_i$ 实际方向或计算结果与参考方向不同而产生的正负号。

基尔霍夫电压定律（KVL）：在集总参数电路中，任何时刻，沿着任一回路内所有支路或元件电压的代数和恒等于零，即 $\sum U_i = 0$。通常约定：凡支路电压或元件电压的参考方向与回路的绕行方向一致的取正号，反之取负号。注意：①基尔霍夫电压定律对电压参考方向和实际方向都适用，式子中的电压要么都为参考方向，要么都为实际方向；②验证 KVL 时对于式 $\sum U_i = 0$，既有各项之间电压升高或降低所取的正负号，又有各个 $U_i$ 实际方向或计算结果与参考方向不同而产生的正负号。

（2）叠加定理与齐次性

叠加定理：在有几个独立源共同作用下的线性电路中，每一个元件的电流或其两端的电压，可以看成是由每一个独立源单独作用时在该元件上所产生的电流或电压的代数和。

线性电路的齐次性：当所有激励信号（独立源的电压与电流值）增加或缩小 $K$ 倍时，电路的响应（即在电路中其他各支路上所产生的电流和电压值）也将增加或缩小 $K$ 倍。

**4. 实验仪器及设备**

1）DGJ-3 型电工技术实验装置：双路直流稳压电源（+6 V、+12 V 切换）、直流数字电压表、直流数字毫安表。

2）双路直流稳压电源的输出与调节：开启直流稳压电源带灯开关，两路输出插孔均有电压输出。将"6 V、12 V 输出选择"开关拨至左侧，则"6 V、12 V"输出口输出固定的 6 V 稳压值（额定电流为 0.5 A）；将此开关拨至右侧，输出固定的 12 V 稳压值（额定电流为 0.5 A）。将"电压指示切换"开关拨至左侧，电压表（量程为 30 V）指示出 6 V 或 12 V（取决于"输出选择"开关的位置）；为此开关拨至右侧，则电压表指示出可调输出端的稳压值。调节"输出粗调"波段开关和"输出细调"多圈电位器旋钮，可平滑地调节输出电压，调节范围为 0~30 V（分 3 档量程切换），额定电流为 0.5 A。

3）DGJ-03 实验挂箱：叠加定理实验电路板。

**5. 注意事项**

1）测量时，应时刻注意直流电压表和直流电流表的量程，合理选择仪表的量程，勿使仪表超量程。

2）所有需要测量的电压值，均以电压测量的读数为准，$E_1$、$E_2$ 也需要测量，不应取电源本身的显示值。

**6. 实验基础知识**

（1）绝对误差

被测量的测量值（$A_x$）与它的真值（$A_0$）之间的差值称为绝对误差。绝对误差（$\Delta x$）可表示为

$$\Delta x = A_x - A_0 \qquad (6-3)$$

（2）相对误差

绝对误差的表示方法有其局限性，因为它不能确切地反映测量结果的准确程度。例如，测量 100 A 电流时，绝对误差为 2 A；测量 2 A 电流时，绝对误差为 0.1 A。从绝对误差衡量，前者的误差大，后者的误差小，但决不能由此得出后者测量准确程度高的结论。由此，引出了相对误差或误差率的概念，定义如下：

$$\gamma = \frac{\Delta x}{A_0} \times (100\%) \qquad (6-4)$$

相对误差是有大小和方向但无量纲的量。因它能确切反映测量的准确程度，因此，在实际测量中一般用相对误差来评价测量结果。

（3）理论计算

理论计算是验证实验的基础，是理想元件及理想电源情况下电路中各支路电流及相应元件的电压的计算值，与实验本身没有任何关系，也就是不做实验就能获得的结果。对于本实验，因为要验证叠加定理，所以可以按照叠加定理来进行理论计算，当然也可以按照其他方法，如支路电流法、节点电位法或网孔分析法等计算，计算过程中根据实验要求将电源电压值取不同值即可。下面以图 6-5 所示的电路及标值为例，采用支路电流法计算各支路的电流，电流参考方向如图 6-5 所标。

$$I_1 + I_2 = I_3 \qquad \text{（KCL 方程）} \qquad (6-5)$$
$$I_1 R_1 + I_3 R_3 + I_1 R_4 = E_1 \qquad \text{（KVL 方程）} \qquad (6-6)$$
$$I_2 R_2 + I_3 R_3 + I_2 R_5 = E_2 \qquad \text{（KVL 方程）} \qquad (6-7)$$

联立式（6-5）、式（6-6）和式（6-7），将电阻阻值代入，可求得 $E_1 = 6$ V，$E_2 = 12$ V 时，$I_1 = 0.19$ mA，$I_2 = 6$ mA，$I_3 = 7.9$ mA。其他情况请自行推导。

**7. 实验内容及步骤**

验证基尔霍夫定律与叠加定理的实验电路图相同，如图 6-5 所示。

（1）验证基尔霍夫电流定律（KCL）

左边双刀双掷开关合向左，右边合向右，分别将两路直流稳压电源 $E_1 = 6$ V，$E_2 = 12$ V 接入电路。将电流测试导线的红黑表笔分别接至直流数字毫安表的"+，-"两端，另一端依次插入 3 条支路的 3 个电流插座中，将电流测量数据记入表 6-7 中。

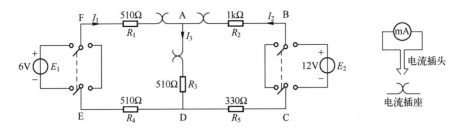

图 6-5　基尔霍夫定律与叠加定理的实验电路图

表 6-7　验证基尔霍夫电流定律的测量数据

| 被 测 量 | $I_1$/mA | $I_2$/mA | $I_3$/mA | $\sum I_i$/mA |
|---|---|---|---|---|
| 计算值 | | | | |
| 测量值 | | | | |
| 误差（%） | | | | |

注意：

1）为了加深对叠加定理适用性的理解，实验台中一般会引入非线性元件，如 $R_5$ 与二极管通过双掷开关来选择，如果要验证叠加定理，双掷开关必须接电阻 $R_5$。

2）有些厂家生产的集成实验台，F 点和 E 点只有一个电压测试孔。当双掷开关接电压源时，F 和 E 点可以通过电源正负极插孔自动分开，而当双掷开关接导线时，F 和 E 点为同一个节点。同理，B 和 C 点也如此，当双掷开关接电压源时，B 和 C 点可以通过电源正负极插孔自动分开，而当双掷开关接导线时，B 和 C 点为同一个节点。

3）测试电流的导线如图 6-6 所示，其一端的红黑表笔分开，分别接电流表的"+，-"两端，另一端通过绝缘层将红黑表笔分开，插入图 6-5 所示的电流插孔。因通过插孔内部的弹片不易直接区分出电流测试导线的红黑表笔分别接入支路的哪两个点，所以，此处需要进行电流参考方向的判断。以测试电流 $I_1$ 为例，将电流测试导线的红表笔接电流表的"+"端，黑表笔接电流表的"-"端，通过电流表的示数及符号无法判断电流测试导线的红黑表笔哪个靠近 F 点，哪个

图 6-6　电流测试导线

靠近 A 点，也无法判断电流实际流向如何，这就需要对 F 和 A 点之间的电压进行测量，最终测试结果见表 6-8。当然，如果电流实际方向很好判断，如本实验只接一个电压源 $E_1$，$I_1$实际方向为 F 流向 A，若测试结果为正说明参考方向与理论所得实际电流方向相同，反之则说明参考方向与理论所得实际电流方向相反。

4）$\sum I_i$代表的是节点 A 的电流，目的是验证基尔霍夫电流定律，其理论值为 0，求和时注意电流流入和电流流出符号取反。

表 6-8　电流测试导线的红黑表笔接法测试结果

| 电 压 | 电 流 | 电流测试导线的红黑表笔接法 |
|---|---|---|
| $U_{FA}>0$（实际电流从 F 流向 A） | $I_1>0$ | F 点接电流表的"+"端 |
| | $I_1<0$ | F 点接电流表的"-"端 |
| $U_{FA}<0$（实际电流从 A 流向 F） | $I_1>0$ | F 点接电流表的"-"端 |
| | $I_1<0$ | F 点接电流表的"+"端 |

（2）验证基尔霍夫电压定律（KVL）

分别将两路直流稳压电源 $E_1 = 6\,V$，$E_2 = 12\,V$ 接入电路，用直流数字电压表分别测量电路各元件上的电压值，并将测量值填入表 6-9 中。

表 6-9　验证基尔霍夫电压定律的测量数据

| 被测量 | $U_{FA}/V$ | $U_{AD}/V$ | $U_{DE}/V$ | $U_{BA}/V$ | $U_{DC}/V$ | $\sum U_{FADE}$ | $\sum U_{ABCD}$ |
|---|---|---|---|---|---|---|---|
| 计算值 | | | | | | | |
| 测量值 | | | | | | | |
| 误差（%） | | | | | | | |

注意：

1）测量电压时，电压下标的两个字符暗示了电压的参考方向，以及与电压表"+，−"端的接法。如 $U_{FA}$ 表示电压参考方向为 F 为"+"，A 为"−"，测量时，F 点与电压表的"+"端相接，A 点与电压表的"−"端相接，然后直接记录数据及前面的符号即可，如果接法与上述相反，将结果的符号取反。

2）$\sum U_{FADE}$ 和 $\sum U_{ABCD}$ 分别代表的是 F、A、D、E 围成的回路和 A、B、C、D 围成的回路的电压，目的是验证基尔霍夫电压定律，其理论值为 0，求和时注意电压升和电压降符号相反。

（3）叠加定理的验证

1）令 $E_1$ 电源单独作用时（将左边开关投向 $E_1$ 侧，右边开关投向短路侧，而不是将电压源用导线短路，这会烧坏电压源！），用直流数字电压表和毫安表分别测量各电阻元件两端电压及各支路电流，将测量数据记入表 6-10 中。

2）令 $E_2$ 电源单独作用时（将左边开关投向短路侧，右边开关投向 $E_2$ 侧），重复实验步骤 1）中的测量并记录数据。

3）令 $E_1$、$E_2$ 共同作用时（将开关分别投向 $E_1$ 和 $E_2$ 侧），重复实验步骤 1）中的测量并记录数据。

4）将 $E_2$ 的数值调至原来值的 2 倍，即+24 V，重复实验步骤 1）中的测量并记录。

5）改变电源电压重复 1~4 的测量，测量值填入表 6-11 中。

表 6-10　验证叠加定理的测量数据

| 测量项目 / 实验内容 | $E_1/V$ | $E_2/V$ | $I_1/mA$ | $I_2/mA$ | $I_3/mA$ | $U_{AB}/V$ | $U_{CD}/V$ | $U_{AD}/V$ | $U_{DE}/V$ | $U_{FA}/V$ |
|---|---|---|---|---|---|---|---|---|---|---|
| $E_1$单独作用 | | | | | | | | | | |
| $E_2$单独作用 | | | | | | | | | | |
| $E_1$、$E_2$共同作用 | | | | | | | | | | |
| $2E_2$单独作用 | | | | | | | | | | |

表 6-11　改变电源电压的测量数据

| 测量项目 / 实验内容 | $E_1/V$ | $E_2/V$ | $I_1/mA$ | $I_2/mA$ | $I_3/mA$ | $U_{AB}/V$ | $U_{CD}/V$ | $U_{AD}/V$ | $U_{DE}/V$ | $U_{FA}/V$ |
|---|---|---|---|---|---|---|---|---|---|---|
| $E_1$单独作用 | | | | | | | | | | |
| $E_2$单独作用 | | | | | | | | | | |
| $E_1$、$E_2$共同作用 | | | | | | | | | | |
| $2E_2$单独作用 | | | | | | | | | | |

注意：当 $E_1$ 电源单独作用时，右边开关投向左侧（短路侧），测量电压 $U_{AB}$、$U_{CD}$ 时电压表笔的正负位置不能接错。当 $E_2$ 电源单独作用时，左边开关投向右侧（短路侧），测量电压 $U_{FA}$、$U_{DE}$ 的电压表笔的正负位置不能接错，原因见实验内容（1）中的注意第 2 条。

**8. 思考题**

1）若某支路的电流为 3 mA 左右，现有量程分别为 5 mA 和 10 mA 的两支电流表，应选用哪一量程？

2）实验内容（3）叠加定理的验证中，$E_1$、$E_2$ 分别单独作用，在实验中应如何操作？可否直接将不作用的电源（$E_1$ 或 $E_2$）置零（短接）？

**9. 实验报告要求**

1）完成实验内容中各表的计算。

2）根据实验数据，选定实验电路中的任一个节点，验证 KCL 的正确性。

3）根据实验数据，选定实验电路中的任一闭合回路，验证 KVL 的正确性。

4）根据实验数据验证线性电路的叠加性与齐次性。

5）回答思考题。

# 6.3 戴维南定理的研究

**1. 预习要求**

熟悉图 6-7a 所示电路并计算其点画线框中电路的戴维南等效电路的电压和电阻值。

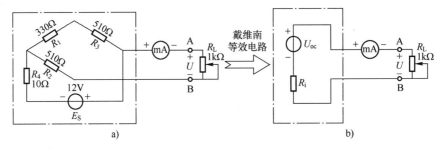

图 6-7 有源二端网络及其等效电路图

图 6-7a 所示的电路不够直观，不方便求解出其开路电压、短路电流及等效电阻，将其整理如图 6-8 所示。

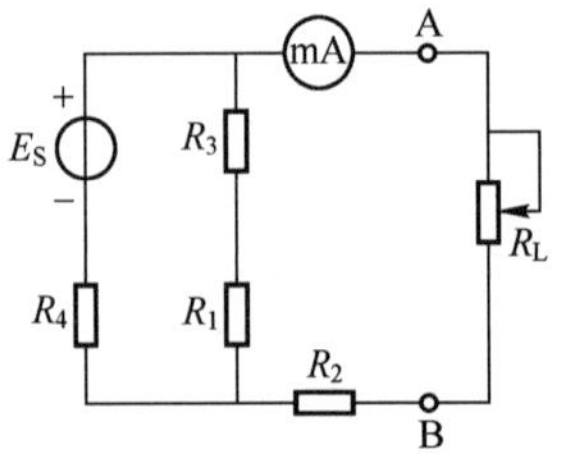

根据图 6-8，可以求得开路电压为

$$U_{oc} = E_S(R_1+R_3) \parallel (R_1+R_3+R_4) = 11.86 \text{ V} \qquad (6-8)$$

短路电流为

$$I_{sc} = \frac{E_S - \frac{E_S}{(R_1+R_3) \parallel R_2+R_4}R_4}{R_2} = 22.8 \text{ mA} \qquad (6-9)$$

图 6-8 等效电路

等效电阻为

$$R_{eq} = R_2 + R_4 \parallel (R_1+R_3) \approx 520 \text{ }\Omega \qquad (6-10)$$

注：等效电阻是从二端口网络看进去的总电阻，即将开路电压或者短路电流看作电压源或电流源，从该电压源或电流源正极出发，回到负极，所得到的电阻串并关系即为等效电阻，计算时要将电路中的电压源短路，电流源开路，也就是要把电路中的实际电源等效为零。

**2. 实验目的**

1）验证戴维南定理的正确性。

2）掌握测量线性有源二端网络等效参数的一般方法。

**3. 实验原理**

（1）有源线性二端网络及其等效电路

任一线性有源二端网络 $N_{\mathrm{S}}$，如图 6-7a 所示，如果仅研究其对外电路的作用情况，则可将该线性有源二端网络等效成电阻与电压源串联的戴维南等效电路，如图 6-7b 所示。

戴维南定理指出：任何一个线性有源二端网络，对外电路来说，总可以用一个电压源 $U_{\mathrm{S}}$ 和电阻 $R_{\mathrm{S}}$ 的串联组合来等效替代，简单等效电路的电压源电压 $U_{\mathrm{S}}$ 等于复杂线性有源二端网络的开路电压 $U_{\mathrm{oc}}$，电阻 $R_{\mathrm{S}}$ 等于复杂线性有源二端网络中所有独立源均置零（电压源短路，电流源开路）后的等效电阻 $R_{\mathrm{eq}}$。

（2）线性有源二端网络等效参数的测量方法

1）开路电压、短路电流法：在有源二端网络输出端开路时，用电压表直接测其输出端的开路电压 $U_{\mathrm{oc}}$，然后将其输出端短路，用电流表测其短路电流，则该二端网络的等效电阻为

$$R_{\mathrm{eq}} = \frac{U_{\mathrm{oc}}}{I_{\mathrm{sc}}} \tag{6-11}$$

2）伏安法：用电压表、电流表测出有源二端网络的外特性，如图 6-9 所示。根据外特性曲线求出斜率 $\tan\varphi$，则该二端网络的等效电阻为

$$R_{\mathrm{eq}} = \tan\varphi = \frac{\Delta U}{\Delta I} = \frac{U_{\mathrm{oc}}}{I_{\mathrm{sc}}} \tag{6-12}$$

若二端网络的内阻值很小时，则不宜测其短路电流。可采用伏安法，测量有源二端网络的开路电压及电流为额定值 $I_{\mathrm{N}}$ 时的输出端电压值 $U_{\mathrm{N}}$，则该二端网络的等效电阻为

$$R_{\mathrm{eq}} = \frac{U_{\mathrm{oc}} - U_{\mathrm{N}}}{I_{\mathrm{N}}} \tag{6-13}$$

3）半压法：如图 6-10 所示，当负载电压为被测网络开路电压 $U_{\mathrm{oc}}$ 一半时，负载电阻阻值即为被测有源二端网络的等效内阻 $R_{\mathrm{eq}}$ 的数值。

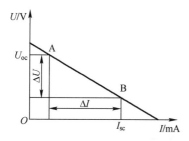

图 6-9　有源二端网络的外特性曲线

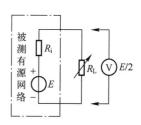

图 6-10　用半压法测 $R_{\mathrm{eq}}$

4）零示法：在测量具有高内阻有源二端网络的开路电压时，用电压表直接测量会造成较大的误差，为了消除电压表内阻的影响，往往采用零示法测量。

零示法测量原理是用一低内阻的稳压电源与被测有源二端网络进行比较，当稳压电源的输出电压与有源二端网络开路电压相等时，电压表的读数将为"0"，如图6-11所示。然后将电路断开，测量此时稳压电源的输出电压，即为被测有源二端网络的开路电压。需要说明的是，电压表看起来像串联在电路中一样，其实它测试的是被测有源网络的一个端口和稳压电源正极的电压差，因为被测有源网络的另一个端口和稳压电源的负极接在一

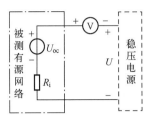

图6-11　用零示法测 $U_{oc}$

起，所以电压表测试的两个端口电压差为0，即可证明稳压电压源的电压为被测有源二端网络的开路电压（电路开路，等效电阻上没有电流流过，其电压降为0，因此被测有源二端网络的开路电压为 $U_{oc}$）。

**4. 实验仪器及设备**

1）DGJ-3型电工技术实验装置：双路直流稳压电源（0~30 V连续可调）、直流数字电压表、直流数字毫安表。

2）DGJ-03实验挂箱：戴维南定理实验电路板。

3）DG11-2可调电阻箱。

4）GDM-8135数字式万用表。

GDM-8135是一种轻便的三位半数字式万用表，采用一种独特的模-数转换技术，具有自动归零、消除偏移误差的特性。两个LSI芯片包含了模-数转换器，使分离式电子组件减少到少于110个。控制按钮包括5个交直流电压档、6个交直流电流档和6个电阻档的选择。精确测量的范围为直流电压 $100\,\mu V \sim 1000\,V$、交直流电流 $100\,nA \sim 19.99\,A$、电阻 $100\,m\Omega \sim 19.99\,M\Omega$。

**5. 注意事项**

1）注意测量时电流表量程的更换。

2）用万用表直接测量 $R_{eq}$ 时，网络内的独立源必须先置零，以免损坏万用表；其次欧姆档必须经调零后再进行测量。

3）改接线路时，要先关掉电源。

**6. 实验内容及步骤**

（1）用开路电压、短路电流法测定被测有源二端网络的 $U_{oc}$ 和 $R_{eq}$

如图6-7a所示电路，被测有源线性二端网络接入稳压电源 $E_s = 12\,V$，将A、B两端负载 $R_L$ 断开，用电压表测量A、B两端电压 $U_{AB}$，则 $U_{oc} = U_{AB}$；将A、B两端负载 $R_L$ 短路，用毫安表测量电流 $I_{sc}$。将测量数据记入表6-12中。

表6-12　被测有源线性二端网络的 $U_{oc}$、$I_{sc}$ 和 $R_{eq}$

| $U_{oc}/V$ | $I_{sc}/mA$ | $R_{eq} = U_{oc}/I_{sc}/\Omega$ |
| --- | --- | --- |
|  |  |  |

（2）用半压法和零示法测量

用零示法测得 $U_{oc} = $ _____，用半压法测得 $R_{eq} = $ _____。

（3）测定有源二端网络的外特性

如图 6-7a 所示电路，被测有源二端网络 A、B 端口接入可变电阻箱 $R_L$，按表 6-13 所列的数值改变 $R_L$ 的阻值，测量被测网络的外特性，并将测量数据记入表 6-13 中。此部分电压和电流的理论计算值可以按照戴维南等效电路的简单电路来求得。

**表 6-13 被测有源二端网络的外特性测量数据**

| $R_L/\Omega$ | 0 | 100 | 300 | 500 | 700 | 900 |
|---|---|---|---|---|---|---|
| $U/V$ | | | | | | |
| $I/mA$ | | | | | | |

（4）验证戴维南定理

用一只可调电阻箱，将其阻值调整到按步骤（1）所得等效电阻 $R_{eq}$ 的值，然后令其与直流稳压电源［调到步骤（1）时所测得开路电压 $U_{oc}$ 的值］相串联，构成被测有源二端网络的戴维南等效电路，如图 6-7b 所示。按表 6-14 所列数据改变 $R_L$ 的阻值，测量等效电路的外特性，对戴维南定理进行验证，按表 6-14 的形式记录测量数据。

**表 6-14 验证戴维南等效电路的外特性数据**

| $R_L/\Omega$ | 0 | 100 | 300 | 500 | 700 | 900 |
|---|---|---|---|---|---|---|
| $U/V$ | | | | | | |
| $I/mA$ | | | | | | |

**7. 思考题**

1）在求戴维南等效电路时，做短路实验，测 $I_{sc}$ 的条件是什么？

2）说明测有源二端网络开路电压及等效内阻的几种方法，并比较其优缺点。

**8. 实验报告要求**

1）根据实验步骤（3）和（4）的测量数据，分别绘出外特性曲线，验证戴维南定理的正确性。

2）将步骤（1）所测得的 $U_{oc}$ 和 $R_{eq}$，与预习时电路计算的结果做比较，写出结论。

3）回答思考题。


# 6.4 电压源、电流源及其电源等效变换的研究

**1. 预习要求**

1）电压源的输出为什么不允许短路？电流源的输出端为什么不允许开路？

2）说明电压源和电流源的特性，其输出是否在任何负载下能保持恒值？

**2. 实验目的**

1）掌握建立电源模型的方法。

2）掌握电源外特性的测试方法。

3）加深对电压源和电流源特性的理解。

4）研究电源模型等效变换的条件。

### 3. 实验原理

（1）电压源和电流源

电压源具有端电压保持恒定不变，而输出电流的大小由负载决定的特性。其外特性，即端电压 $U$ 与输出电流 $I$ 的关系 $U=f(I)$ 是一条平行于 $I$ 轴的直线。实验中使用的恒压源在规定的电流范围内，具有很小的内阻，可以将它视为一个理想电压源。

电流源具有输出电流保持恒定不变，而端电压的大小由负载决定的特性。其外特性，即输出电流 $I$ 与端电压 $U$ 的关系 $I=f(U)$ 是一条平行于 $U$ 轴的直线。实验中使用的恒流源在规定的电压范围内，具有极大的内阻，可以将它视为一个理想电流源。

（2）实际电压源和实际电流源

实际上大多数的电压源，如电池、发电机，由于有内阻存在，当接上负载后，在内阻上产生的电压降，使得电源两端的电压比无负载时（$I=0$）降低了。其外特性如图 6-12 中的虚线所示。因而，实际电压源可以用一个内阻 $R_S$ 和电压源 $U_S$ 串联表示，其端电压 $U$ 随输出电流 $I$ 增大而降低。电路模型如图 6-13 所示，内阻 $R_S$ 可按下列公式计算：

$$R_S = (U_S - U)/I \tag{6-14}$$

式中，$U$、$I$ 分别是负载两端的电压和电路电流；$U_S$ 是电源两端的开路电压。显然实际电压源内阻越小，其特性越接近理想电压源。在实验中，可以用一个小阻值的电阻与恒压源相串联来模拟一个实际电压源。

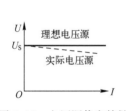

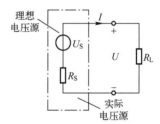

图 6-12　电压源伏安特性　　　　图 6-13　实际电压源的电路模型

现在已能制造出十分接近理想情况的电压源，如各种型号的稳压电源，它们的伏安特性十分接近一条水平的直线。实验装置上的直流稳压电源的内阻很小，当通过的电流在规定的范围内变化时，可以近似的当作理想电压源来处理。

实际的电流源，随着端电压的增加，电流是略有减少的，其外特性如图 6-14 中的虚线所示。可以用理想电流源再并联一个电阻来描述这种实际的电流源，如图 6-15 所示。其输出电流 $I$ 随端电压 $U$ 增大而减小。其中内阻 $R_S$ 可按下列公式计算：

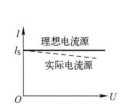

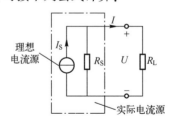

图 6-14　电流源伏安特性　　　　图 6-15　实际电流源的电路模型

$$R_S = U/(I_S - I) \tag{6-15}$$

式中，$U$、$I$ 分别是负载两端的电压和电路电流；$I_S$ 是负载短路时的短路电流。

在实验中，可以用一个大阻值的电阻与恒流源相并联来模拟一个实际电流源。

（3）电源的等效变换

一个实际的电路，就其外部特性而言，既可以看成一个电压源与电阻的串联（戴维南等效电路），又可以看成一个电流源与电阻的并联（诺顿等效电路）。若视为电压源，则可用一个电压源 $U_S$ 与一个电阻 $R_S$ 相串联表示；若视为电流源，则可用一个电流源 $I_S$ 与一个电阻 $R_S$ 相并联来表示。若它们向同样大小的负载供出同样大小的电流和端电压，则称这个电路的两种电源表示是等效的，即具有相同的外特性。

实际电路的电压源表示和实际电路的电流源表示等效变换条件如下：

1）电压源串联的电阻和电流源并联的电阻均为 $R_S$。

2）已知电压源表示电路的参数为 $U_S$ 和 $R_S$，则电流源表示电路的参数为 $I_S = \dfrac{U_S}{R_S}$ 和 $R_S$。

3）已知电流源表示电路的参数为 $I_S$ 和 $R_S$，则电压源表示电路的参数为 $U_S = I_S R_S$ 和 $R_S$。

注意：①电源的等效变换是针对电路外特性而言，将电压源与电阻的串联电路等效为电流源与电阻的并联。

② 实际电压源和电流源并不能进行等效变化，因为内阻不同。

**4. 实验仪器及设备**

1）DGJ-3 型电工技术实验装置：直流数字电压表、直流数字毫安表、直流稳压电源（0~30 V 连续可调）以及直流恒流源（0~200mA 连续可调）。

2）可调电阻箱：DG11-2。

**5. 注意事项**

1）在测电压源外特性时，不要忘记测空载（$I=0$）时的电压值；测电流源外特性时，不要忘记测短路（$U=0$）时的电流值，注意恒流源负载电压不可超过 20 V，负载更不可开路。

2）换接线路时，必须关闭电源开关。

3）直流仪表的接入应注意极性与量程。

**6. 实验内容及步骤**

（1）测定电压源（恒压源）与实际电压源的外特性

如图 6-16 所示电路，图中的电源 $U_S$ 用恒压源 0 ~ +30 V 可调电压输出端，并将输出电压调到+6 V，$R_1$ 取 200 Ω 的固定电阻，$R_2$ 取自可调电阻箱。调节可调电阻箱，令其阻值由小至大变化，将电流表、电压表的读数记入表 6-15 中。

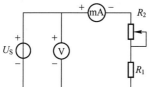
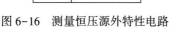
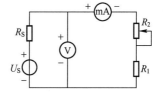

图 6-16　测量恒压源外特性电路　　图 6-17　测量实际电压源外特性电路

表 6-15　恒压源外特性测量数据表

| $R_2/\Omega$ | 100 | 300 | 500 | 700 | 900 | $\infty$ |
|---|---|---|---|---|---|---|
| $I/\text{mA}$ | | | | | | |
| $U/\text{V}$ | | | | | | |

对于恒压源，也就是理想电压源，其外特性的关系为

$$U = U_S \tag{6-16}$$

$$I = \frac{U_S}{R_1 + R_2} \tag{6-17}$$

从定性角度来看，恒压源的端电压保持不变，其端电流随着负载电阻的增大而减小，如图 6-12 实线所示，端电压和端电流的定量关系分别如式（6-16）和（6-17）所示。

在图 6-16 电路中，将电压源换成实际电压源，如图 6-17 所示，图中内阻 $R_S$ 取 51 Ω 的固定电阻，调节可调电阻箱，令其阻值由小至大变化，将电流表、电压表的读数记入表 6-16 中。

表 6-16　实际电压源外特性测量数据表

| $R_2/\Omega$ | 100 | 300 | 500 | 700 | 900 | ∞ |
|---|---|---|---|---|---|---|
| $I/\text{mA}$ | | | | | | |
| $U/\text{V}$ | | | | | | |

对于实际电压源，也就是电压源有一定内阻，其外特性的关系为

$$U = U_S - IU_S \tag{6-18}$$

$$I = \frac{U_S}{R_1 + R_2 + R_S} \tag{6-19}$$

从定性角度来看，实际电压源的端电压随着负载电流的减小而增大，如图 6-12 虚线所示，其端电流随着负载电阻的增大而减小，端电压和端电流的定量关系分别如式（6-18）和（6-19）所示。可以得出：实际电压源能否看作理想电压源，取决于负载电阻和电压源内阻的关系，如果 $R_{负载} \gg R_S$，则电压源能看作理想电压源，这是因为实际电压源可以模型化为理想电压源与一个小电阻 $R_S$（电阻阻值越小，越接近理想电压源）的串联，且 $R_S$ 越小其分压越小；否则如果不满足 $R_{负载} \gg R_S$，则不能将实际电压源看作理想电压源，端电压要严格按照式（6-18）和式（6-19）来求。

（2）测定电流源（恒流源）与实际电流源的外特性

如图 6-18 所示电路，图中 $I_S$ 为恒流源，调节其输出为 5 mA（用毫安表测量），$R_2$ 取自可调电阻箱，在 $R_S$ 分别为 ∞（图 6-18）和 1 kΩ（图 6-19）两种情况下，调节可调电阻箱，令其阻值由小至大变化，将其电流表、电压表的读数分别记入表 6-17、表 6-18 中。

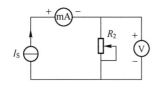
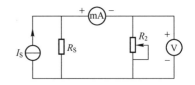

图 6-18　测量恒流源外特性电路　　　图 6-19　测量实际电流源外特性电路

表 6-17　恒流源外特性测量数据

| $R_2/\Omega$ | 0 | 100 | 300 | 500 | 700 | 900 |
|---|---|---|---|---|---|---|
| $I/\text{mA}$ | | | | | | |
| $U/\text{V}$ | | | | | | |

对于恒流源，也就是理想电流源，其外特性的关系为

$$I = I_S \tag{6-20}$$

$$U = IR_2 \tag{6-21}$$

从定性角度来看，恒流源的端电流保持不变，其端电压随着负载电阻的增大而增大，如图 6-14 实线所示，端电流和端电压的定量关系分别如式（6-20）和（6-21）所示。

表 6-18 实际电流源外特性测量数据

| $R_2/\Omega$ | 0 | 100 | 300 | 500 | 700 | 900 |
|---|---|---|---|---|---|---|
| $I$/mA | | | | | | |
| $U$/V | | | | | | |

对于实际电流源，也就是电流源有一定内阻，其外特性的关系为

$$I = I_S \frac{R_S}{R_2 + R_S} \tag{6-22}$$

$$U = (I_S - I) R_S \tag{6-23}$$

从定性角度来看，实际电流源的端电流随着负载电阻的增大而减小，其端电压随着端电流的减小而增大，可以推出实际电流源的端电流随着端电压的增大而减小，如图 6-14 虚线所示，端电压和端电流的定量关系分别如式（6-22）和（6-23）所示。可以得出：实际电流源能否看作理想电流源，取决于负载电阻和电流源内阻的关系，如果 $R_{负载} \ll R_S$，则电流源能看作理想电流源，这是因为实际电流源可以模型化为理想电流源与一个大电阻 $R_S$（电阻阻值越大，越接近理想电流源）的并联，且 $R_S$ 越大其分流越小；否则如果不满足 $R_{负载} \ll R_S$，则电流源不能看成理想电流源，端电流要严格按照式（6-22）和式（6-23）来求。

（3）研究电源等效变换的条件

如图 6-20 所示电路，其中 a、b 图中的内阻 $R_S$ 均为 51 Ω，负载电阻 $R$ 均为 200 Ω。在图 6-20a 电路中，$U_S$ 用恒压源 0 ~ +30 V 可调电压输出端，并将输出电压调到 +6 V，分别记录电压表、电流表的读数_____、_____。然后调节图 6-20b 电路中恒流源 $I_S$，令电压表和电流表的读数与图 6-20a 的数值相等，记录 $I_S =$ _____，验证等效变换条件的正确性。

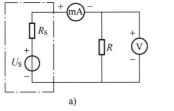
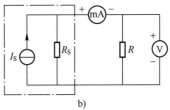

图 6-20　电源等效变换条件验证电路图

**7. 思考题**

1）实际电压源与实际电流源的外特性为什么呈下降变化趋势，下降的快慢受哪个参数影响？

2）实际电压源与实际电流源等效变换的条件是什么？所谓"等效"是对谁而言？电压

源与电流源能否等效变换？

**8. 实验报告要求**

1）根据实验数据分别绘出电源的四条外特性曲线，并总结、归纳两类电源的特性。

2）从实验结果，验证电源等效变换的条件。

3）回答思考题。

# 6.5　RC 一阶电路的响应测试

**1. 预习要求**

1）什么样的电信号可作为 RC 一阶电路零输入响应、零状态响应和全响应的激励信号？

2）何谓积分电路和微分电路，它们必须具备什么条件？它们在方波序列脉冲的激励下，其输出信号波形的变化规律如何？

**2. 实验目的**

1）观察 RC 电路的零状态响应、零输入响应。

2）观察 RC 电路的过渡过程，了解元件参数对过渡过程的影响。

3）掌握有关微分电路和积分电路的概念。

4）进一步学会用示波器测量图形。

**3. 实验原理**

（1）一阶电路及其过渡过程

含有储能元件的电路称为动态电路。当动态电路的特性可以用一阶微分方程描述时，称该电路为一阶电路。对处于稳态的动态电路，当电路结构或参数发生变化时，会引起电路的过渡过程。

对于图 6-21a 所示的电阻 $R$ 和电容 $C$ 组成的 RC 一阶电路，电路永远满足基尔霍夫定律，即

$$u_R + u_C = U_S \tag{6-24}$$

根据电容电压和电流的关系，电路可以用一阶微分方程（6-25）来描述：

$$RC \frac{\mathrm{d}u_C}{\mathrm{d}t} + u_C = U_S \tag{6-25}$$

其解为

$$u_C = u_C(0_+) \mathrm{e}^{-\frac{t}{RC}} + U_S \left(1 - \mathrm{e}^{-\frac{t}{RC}}\right) \tag{6-26}$$

其中，$u_C(0_+)$ 为电容的初始电压，$\tau = RC$ 为时间常数。

对于含有储能元件的动态电路，也可以用三要素法来进行瞬态分析，三要素法的公式为

$$f(t) = f(\infty) + [f(0_+) - f(\infty)] \mathrm{e}^{-\frac{t}{\tau}} \tag{6-27}$$

其中，$f(t)$ 为所求储能元件的瞬态值，$f(0_+)$ 为换路后储能元件的初始值，$f(\infty)$ 为电路达到稳态时储能元件的稳态值，$\tau$ 为电路的时间常数。

动态电路的过渡过程分为零输入响应、零状态响应和全响应 3 种情况。图 6-21a 所示的一阶 RC 电路，若响应为电容电压 $u_C$，根据三要素法公式可得

$$u_C(t) = U_S + [u_C(0_+) - U_S] e^{-\frac{t}{\tau}} \tag{6-28}$$

1）当 $u_C(0_+) = 0$，即电容初始储能为零时，有

$$u_C(t) = U_S(1 - e^{-\frac{t}{\tau}}) \tag{6-29}$$

即式（6-26）的第二项，这就是仅有外激励引起的零状态响应。

2）当 $U_S = 0$ 时，有

$$u_C(t) = u_C(0_+) e^{-\frac{t}{\tau}} \tag{6-30}$$

即式（6-26）的第一项，这就是仅有电容初始储能引起的零输入响应。

RC 一阶电路的零输入响应和零状态响应分别按指数规律衰减和增长，其变化的快慢决定于电路的时间常数 $\tau$。

3）全响应可以看作是零输入响应和零状态响应的叠加。

（2）时间常数及其测量

对于 RC 一阶电路的零状态响应，即电容的充电过程，电容电压幅值上升到终值的 63.2% 对应的时间即为一个 $\tau$，如图 6-21b 所示。对于零输入响应波形，电容电压值下降到初值的 36.8% 对应的时间也是一个 $\tau$，如图 6-21c 所示。

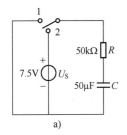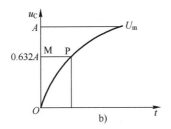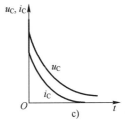

图 6-21 RC 电路及其时间常数的测量

a）一阶 RC 电路　b）零状态响应波形　c）零输入响应波形

（3）微分电路和积分电路

微分电路和积分电路对电路元件参数和输入信号的周期有着特定的要求，是 RC 一阶电路中较典型的电路。

若一阶 RC 电路的输出取自电阻两端的电压，即 $u_o = u_R$，如图 6-22 所示，$u_S$ 即周期 $T$ 的方波脉冲序列。

当满足 $\tau = RC \ll \dfrac{T}{2}$ 时

$$u_R \ll u_C, \quad u_C \approx u_S$$
$$u_o = u_R = RC \frac{du_C}{dt} \approx RC \frac{du_S}{dt} \tag{6-31}$$

此时电路的输出电压 $u_o$ 与输入电压 $u_S$ 的微分成正比，故称为微分电路。

若一阶 RC 电路的响应 $u_o$ 为电容电压 $u_C$，如图 6-23 所示，可得

$$u_o = u_C = \frac{1}{C} \int i_C dt \tag{6-32}$$

当满足 $\tau = RC \gg \dfrac{T}{2}$ 时

$$u_{\text{C}} \ll u_{\text{R}}, \quad u_{\text{R}} \approx u_{\text{S}}$$

$$u_{\text{o}} = u_{\text{C}} = \frac{1}{C}\int\frac{u_{\text{R}}}{R}\mathrm{d}t \approx \frac{1}{RC}\int u_{\text{S}}\mathrm{d}t \tag{6-33}$$

此时电路的输出电压 $u_{\text{o}}$ 与输入电压 $u_{\text{S}}$ 的积分成正比，故称为积分电路。

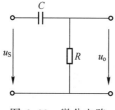

图 6-22　微分电路　　　　　　　图 6-23　积分电路

微分电路和积分电路的输入与输出关系分别如图 6-24、图 6-25 所示。图 6-24 所示为微分电路输入 $u_{\text{S}}$ 的波形及对应的输出 $u_{\text{o}}$ 的波形（即电阻电压 $u_{\text{R}}$ 的波形）。图 6-25 所示为积分电路输入 $u_{\text{S}}$ 的波形及对应的输出 $u_{\text{o}}$ 的波形（即电容电压 $u_{\text{C}}$ 的波形）。

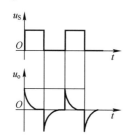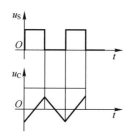

图 6-24　微分电路输入 $u_{\text{S}}$ 与输出 $u_{\text{R}}$ 波形　　　图 6-25　积分电路输入 $u_{\text{S}}$ 与输出 $u_{\text{C}}$ 波形

综上所述，从输入输出波形来看，图 6-22 和图 6-23 所示两个电路均起到波形变换的作用，请在实验过程中仔细观察与记录。

**4. 实验仪器及设备**

1）DF1614C 函数信号发生器：DF161C 函数信号发生器是一种具有高稳定度、多功能等特点的函数信号发生器。信号产生部分采用大规模单片函数发生器电路，能产生正弦波、方波、三角波、斜波、脉冲波、线性扫描和对数扫描波形，同时对各种波形均可实现扫描功能，采用单片机对仪器的各项功能进行智能化管理，频率调节采用数字化方式，根据调节频率不同，能自动调整频率的步进量，对于输出信号的频率、幅度由 LED 显示，其余功能则由发光二极管提示，用户可以直观、准确地了解到仪器的使用状况。

2）GOS-6021 双踪示波器：20 MHz 双频道的 GOS-6021 是一般用途的手提式示波器，以微处理器为核心的操作系统控制仪器的数字面板设定，使用光标功能，可从荧幕上的文字符号直接读出电压、时间和频率，以方便仪器的操作，有 10 组不同的面板设定，可任意存储及调用。其垂直偏向系统有两个输入通道，每一通道从 1 mV 到 20 V，共有 14 种偏向档位，水平偏向系统从 0.2 μs 到 0.5 s，可在垂直偏向系统的全屏宽度下稳定触发。

3）DGJ-03 实验挂箱：一阶电路实验电路板。

**5. 注意事项**

1）示波器的辉度不要过亮。

2）调节仪器旋钮时，动作不要过猛。

3）调节示波器时，要注意触发开关和电平调节旋钮的配合使用，以使显示的波形稳定。

4）为防止外界干扰，函数信号发生器的接地端与示波器的接地端要连接在一起。

**6. 实验内容及步骤**

（1）测定 RC 串联电路的零状态响应和零输入响应曲线

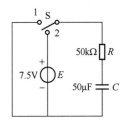

图 6-26　RC 实验电路图

如图 6-26 所示电路，将开关 S 先置于"1"的位置。将直流稳压电源调到 5 V，并接入电路，将电压表并联在电容两端。

1）将开关 S 从"1"扳至"2"，使电容充电，在开关闭合时开始计时，每隔 5 s 记录一次电压值，直至 60 s 结束，记入表 6-19 中，并描绘零状态响应曲线。

2）将开关 S 从"2"扳至"1"，使电容放电，在开关闭合时开始计时，每隔 5 s 记录一次电压值，直至 60 s 结束，记入表 6-20 中，并描绘零输入响应曲线。

表 6-19　RC 一阶电路充放电响应过程

| $T/s$ | 5 | 10 | 15 | 20 | 25 | 30 | 35 | 40 | 45 | 50 | 55 | 60 |
|---|---|---|---|---|---|---|---|---|---|---|---|---|
| 充电 | | | | | | | | | | | | |
| 放电 | | | | | | | | | | | | |

（2）观察 RC 积分电路的波形

在图 6-27 所示的实验电路中，按表 6-20 中给定的参数选择元件板上的 R、C 元件进行实验，激励 $u_S$ 为信号发生器输出的方波电压信号，幅值 $U_m = 1\,V$，频率 $f = 1\,kHz$。完成如下实验任务：

1）用示波器观察 $u_C$ 波形，并按比例描绘在表 6-20 中。

表 6-20　不同参数时的 RC 积分电路波形

| 参　　数 | $R = 10\,k\Omega$, $C = 0.1\,\mu F$ | $R = 10\,k\Omega$, $C = 0.2\,\mu F$ |
|---|---|---|
| 描绘波形 | | |

2）改变电路中电容值，定性地观察对响应 $u_C$ 的影响，并做记录。

（3）观察 RC 微分电路的波形

按图 6-28 所示电路接线。按表 6-21 中给定的两组数值，选择元件板上 R、C 元件，组成 RC 微分电路。激励 $u_S$ 为信号发生器输出的方波电压信号，幅值 $U_m = 1\,V$，频率 $f = 1\,kHz$。完成如下实验任务：

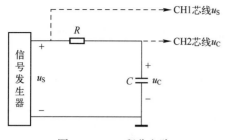

图 6-27 RC 积分电路

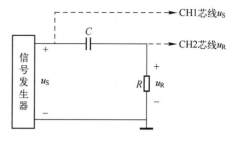

图 6-28 RC 微分电路

1）用示波器观察 $u_S$ 及响应 $u_R$ 的变化规律。并按比例描绘响应 $u_R$ 在表 6-21 中。

2）改变 $R$ 的值，定性观察对响应的影响，并做记录。

表 6-21　不同参数时的 RC 微分电路波形

| 参　数 | $R = 1\,\text{k}\Omega,\ C = 0.01\,\mu\text{F}$ | $R = 10\,\text{k}\Omega,\ C = 0.01\,\mu\text{F}$ |
|---|---|---|
| 描绘波形 | | |

**7. 思考题**

1）已知 RC 一阶电路中 $R = 10\,\text{k}\Omega$，$C = 0.1\,\mu\text{F}$，试计算时间常数 $\tau$，并根据 $\tau$ 值的物理意义，拟定测定 $\tau$ 的方案。

2）在 RC 的电路中，当 R 或 C 的大小变化时，对电路的响应有何影响？

3）图 6-27 组成的电路一定具有积分功能？图 6-28 组成的电路一定具有微分功能？若不能，各需要满足什么条件？

4）积分电路的电阻 R 上的电压应该是什么样的波形，微分电路电容 C 上的电压波形应该是怎样的？为什么？

**8. 实验报告要求**

1）完成表 6-19 的计算。

2）根据实验观测结果，在坐标纸上绘出 RC 一阶电路充放电、微分电路和积分电路的曲线；并由充电或放电曲线测得时间常数 $\tau$ 值。

3）回答思考题。

# 6.6　R、L、C 元件阻抗特性的测定

**1. 预习要求**

1）如何用交流毫伏表测量电阻 $R$、感抗 $X_L$ 和容抗 $X_C$？它们的大小和频率有何关系？

2）什么是频率特性？

**2. 实验目的**

1）研究电阻、感抗、容抗与频率的关系，测定它们随频率变化的特性曲线。

2）学会测定交流电路频率特性的方法。

3）了解滤波器的原理和基本电路。

4）学习使用信号源、频率计和交流毫伏表。

**3. 实验原理**

（1）单个元件阻抗与频率的关系

在交流电路中常用的实际元件为电阻器、电感器及电容器，它们的参数为电阻、电感及电容。

在正弦交流情况下，加于电阻器两端的电压$\dot{U}$与流过其中的电流$\dot{i}$的关系为$\dfrac{\dot{U}_R}{\dot{I}_R}=R\angle 0°$，其中$\dfrac{U_R}{I_R}=R$，电阻$R$与频率无关。

在正弦交流情况下，加于电感器两端的电压$\dot{U}$与流过其中的电流$\dot{i}$的关系为$\dfrac{\dot{U}_L}{\dot{I}_L}=jX_L$，电压超前电流$90°$，其中$\dfrac{U_L}{I_L}=X_L=2\pi fL$，感抗$X_L$与频率成正比，即频率越高，感抗越大。当频率$=0$（即直流）时，其感抗为$0$，可视为短路导线。

在正弦交流情况下，加于电容器两端的电压$\dot{U}$与流过其中的电流$\dot{i}$的关系为$\dfrac{\dot{U}_C}{\dot{I}_C}=-jX_C$，电压滞后电流$90°$，其中$\dfrac{U_C}{I_C}=X_C=\dfrac{1}{2\pi fC}$，容抗$X_C$与频率成反比，即频率越高，容抗越小。当频率$=0$（即直流）时，其容抗为$\infty$，可视为开路。电容"隔直（流）导交（流）"特性就是其容抗决定的。

$R$、$L$、$C$元件阻抗频率特性的测试电路如图6-29所示，其对应阻抗频率特性曲线如图6-30所示。图中$R$、$L$、$C$为被测元件，$r$为电流取样电阻。改变信号源$U_S$的频率，分别测量$R$、$L$、$C$元件两端电压$U_R$、$U_L$、$U_C$，测量采样电阻$r$两端电压$U_r$，除以采样电阻阻值$r$可得到被测元件的电流。

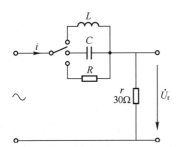　　　　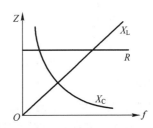

图6-29　阻抗频率特性曲线测试电路图　　图6-30　R、L、C的阻抗频率特性曲线

（2）交流电路的频率特性

由于交流电路中感抗$X_L$和容抗$X_C$均与频率有关，因而，输入电压（或称激励信号）

在大小不变的情况下，改变频率大小，电路电流和各元件电压（或称响应信号）也会发生变化。这种电路响应随激励频率变化的特性称为频率特性。

若电路的激励信号为$\dot{U}_i$，响应信号为$\dot{U}_o$，则频率特性函数为

$$H(j\omega) = \frac{\dot{U}_o}{\dot{U}_i} = A(j\omega) \angle \varphi(\omega) \tag{6-34}$$

式中，$A(\omega)$为响应信号与激励信号的大小之比，是$\omega$的函数，称为幅频特性；$\varphi(\omega)$为响应信号与激励信号的相位差，也是$\omega$的函数，称为相频特性。

在本实验中，研究几个典型电路的幅频特性，如图6-31所示。其中，图6-31a在高频时有响应（即有输出），称为高通滤波器；图6-31b在低频时有响应（即有输出），称为低通滤波器，图中对应$A = 0.707$的频率$f_C$称为截止频率，在本实验中用RC网络组成的高通滤波器和低通滤波器，它们的截止频率$f_C$均为$1/(2\pi RC)$。图6-31c在一个频带范围内有响应（即有输出），称为带通滤波器，图中$f_{C1}$称为下限截止频率，$f_{C2}$称为上限截止频率，通频带$BW = f_{C2} - f_{C1}$。

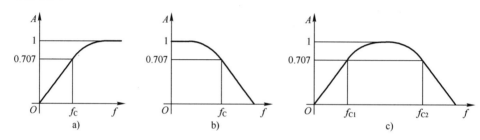

图6-31 典型电路的幅频特性曲线

**4. 实验仪器及设备**

1）DF1614C函数信号发生器。

2）GOS-6021双踪示波器。

3）DF2170A真有效值交流毫伏表。

4）DGJ-03实验挂箱：$R = 1\,k\Omega$，$L = 10\,mH$，$C = 0.1\,\mu F/0.01\,\mu F$，$r = 200\,\Omega$。

**5. 注意事项**

1）交流毫伏表属于高阻抗电表，测量前必须先调零。

2）由于信号源内阻的影响，注意在调节输出频率时，应同时调节输出幅度，使实验电路的输入电压保持不变。

**6. 实验内容及步骤**

（1）测定$R$、$L$、$C$元件的频率特性

实验电路如图6-29所示，取$R = 1\,k\Omega$，$L = 10\,mH$，$C = 0.1\,\mu F$，$r = 200\,\Omega$。将函数信号发生器输出的正弦信号接至电路输入端，作为激励源$u_S$，并用交流毫伏表测量，使激励电压的有效值为$U_S = 2\,V$，并在整个实验过程中保持不变。注意：若函数信号发生器显示的峰峰值，则其值与有效值之间满足下式：

$$U_{spp} = 2U_{sm} = 2\sqrt{2}U_S \tag{6-35}$$

式中，$U_{spp}$为电源电压的峰峰值，也就是正弦信号最高点到最低点之间的差值；$U_{sm}$为电源电

压的峰值；$U_S$ 为电源电压的有效值。此关系式只对正弦信号成立，三角波、方波等其他交流信号不满足此关系。

用导线分别接通 $R$、$L$、$C$ 三个元件，调节信号源的输出频率，从 1 kHz 逐渐增至 20 kHz（用频率计测量），用交流毫伏表分别测量电阻 $R$、电感元件 $L$、电容元件 $C$ 及采样电阻 $r$ 的电压值 $U_R$、$U_L$、$U_C$ 和 $U_r$，将实验数据记入表 6-22 中。并通过计算得到各频率点的 $R$、$X_L$ 和 $X_C$。

表 6-22　R、L、C 元件的阻抗幅频特性测量数据

| 频率 $f$/kHz | | 1 | 2 | 5 | 10 | 15 | 20 |
|---|---|---|---|---|---|---|---|
| $R$/kΩ | $U_r$/V | | | | | | |
| | $U_R$/V | | | | | | |
| | $I_R = U_r/r$/mA | | | | | | |
| | $R = U_R/I_R$ | | | | | | |
| $X_L$/kΩ | $U_r$/V | | | | | | |
| | $U_L$/V | | | | | | |
| | $I_R = U_r/r$/mA | | | | | | |
| | $X_L = U_L/I_L$ | | | | | | |
| $X_C$/kΩ | $U_r$/V | | | | | | |
| | $U_C$/V | | | | | | |
| | $I_R = U_r/r$/mA | | | | | | |
| | $X_C = U_C/I_C$ | | | | | | |

注意：1）对于交流信号，基尔霍夫电流及电压定律依然满足，只不过是以相量形式满足，即，对于纯电阻阻抗特性的测试，满足：

$$\dot{U}_r + \dot{U}_R = \dot{U}_S \tag{6-36}$$

对于电容阻抗特性的测试，满足：

$$\dot{U}_r + \dot{U}_C = \dot{U}_S \tag{6-37}$$

对于电感阻抗特性的测试，满足：

$$\dot{U}_r + \dot{U}_L = \dot{U}_S \tag{6-38}$$

其实，瞬态电压、电流也满足基尔霍夫电流及电压定律，对于本实验的纯电阻、电容及电感阻抗特性的测试，分别满足：

$$u_r + u_R = u_S \tag{6-39}$$
$$u_r + u_C = u_S \tag{6-40}$$
$$u_r + u_L = u_S \tag{6-41}$$

需要特别注意的是，**有效值不满足基尔霍夫定律**。$U_r + U_R = U_S$，是因为纯电阻的电压和电流没有相位差，所以它们的和其实满足标量和，但是 $U_r + U_C \neq U_S$，$U_r + U_L \neq U_S$。以电感阻抗特性测试为例，电阻 $r$ 和电感 $L$ 及电源电压之间的相量关系图如图 6-32 所示。

由图 6-32 可以看出，对于电感来说，其 $U_r + U_L > U_S$，即电阻 $r$ 和电感 $L$ 的电压有效值之和大于电源电压的有效值，满足三角形边长之间的关系。

2）由于信号发生器存在阻抗匹配问题，进行 R、L、C 元件阻抗特性测试时，任一频率下，电源电压的有效值需要调整到 2 V。

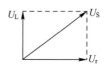

图 6-32 电感阻抗特性
测试相量图

3）实际中电容、电感是非理想的，它们具有一定的直流电阻，且与频率有关，因此实际测量值与理论计算值有一定误差。

4）如图 6-29 所示，R、L、C 阻抗频率特性测试电路是简单的串联电路，以电容为例，其相关计算如下：

设电源电压的初始相位为 0，则电路的电流为

$$\dot{I}_{rC} = \frac{\dot{U}_S}{r-jX_C} = \frac{U_S\angle 0°}{r-j\dfrac{1}{2\pi fC}} = \frac{U_S}{\sqrt{r^2+\left(\dfrac{1}{2\pi fC}\right)^2}}\angle\arctan\left(\frac{1}{2\pi fCr}\right) \tag{6-42}$$

电路的电流有效值为 $\dfrac{U_S}{\sqrt{r^2+\left(\dfrac{1}{2\pi fC}\right)^2}}$，电路的电流相位为 $\arctan\left(\dfrac{1}{2\pi fCr}\right)$。

电阻 $r$ 的电压有效值及电容 $C$ 的电压有效值分别为

$$U_r = \frac{U_S}{\sqrt{r^2+\left(\dfrac{1}{2\pi fC}\right)^2}}\,r \tag{6-43}$$

和

$$U_C = \frac{U_S}{\sqrt{r^2+\left(\dfrac{1}{2\pi fC}\right)^2}}\frac{1}{2\pi fC} \tag{6-44}$$

相位分别 $\arctan\left(\dfrac{1}{2\pi fCr}\right)$ 和 $\arctan\left(\dfrac{1}{2\pi fCr}\right)-\dfrac{\pi}{2}$。

（2）高通滤波器频率特性

实验电路如图 6-33 所示，其中 $R = 1\,\text{k}\Omega$，$C = 0.01\,\mu\text{F}$。用信号源输出正弦波电压作为电路的激励信号（即输入电压）$u_i$，调节信号源正弦波输出电压幅值，并用交流毫伏表测量，使激励信号 $u_i$ 的有效值 $U_i = 2\,\text{V}$，并保持不变。调节信号源的输出频率，从 1 kHz 逐渐增至 20 kHz（用频率计测量），用真有效值交流毫伏表测量响应信号（即输出电压）$U_R$，将实验数据记入表 6-23 中。

对式（6-42）进行变化，并将 $r$ 换为 $R$，$U_S$ 换为 $U_i$，则该电路的输出为

$$U_R = \frac{U_i}{\sqrt{1^2+\left(\dfrac{1}{2\pi fCR}\right)^2}} \tag{6-45}$$

可知，当电路频率 $f\to\infty$ 时，电路最大输出电压为 $U_i$，截止频率 $f_C$ 可根据下式求得：

$$\frac{U_i}{\sqrt{1^2+\left(\dfrac{1}{2\pi f_C CR}\right)^2}} = \frac{U_i}{\sqrt{2}} \tag{6-46}$$

截止频率 $f_C = 1/(2\pi CR)$。

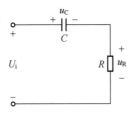
图 6-33  高通、低通滤波器频率特性电路图

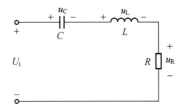
图 6-34  带通滤波器频率特性电路图

（3）低通滤波器频率特性

实验电路和步骤同实验内容（2），只是响应信号（即输出电压）取自电容两端电压 $U_C$，将实验数据记入表 6-23 中。其截止频率的求法与高通滤波器的求法相类似，可根据式（6-44）进行变化求得，请自行推导。

（4）带通滤波器频率特性

实验电路如图 6-34 所示，图中，$R = 1\,\mathrm{k\Omega}$，$L = 10\,\mathrm{mH}$，$C = 0.1\,\mathrm{\mu F}$。实验步骤同实验内容（2），响应信号（即输出电压）取自电阻两端电压 $U_R$，将实验数据记入表 6-23 中。

表 6-23  交流电路幅频特性测量数据

| $f/\mathrm{kHz}$ | 1 | 3 | 6 | 8 | 10 | 15 | 20 |
|---|---|---|---|---|---|---|---|
| $U_R/\mathrm{V}$ | | | | | | | |
| $U_C/\mathrm{V}$ | | | | | | | |
| $U_o/\mathrm{V}$ | | | | | | | |

**7. 思考题**

1）如何用交流毫伏表测量电阻 $R$、感抗 $X_L$ 和容抗 $X_C$？它们的大小和频率有何关系？

2）什么是幅频特性？高通滤波器、低通滤波器和带通滤波器的幅频特性有何特点？如何测量？

3）给出各测量数据的理论计算过程及结果。

**8. 实验报告要求**

1）根据表 6-22 实验数据，定性画出 $R$、$L$、$C$ 串联电路的阻抗与频率关系的特性曲线，并分析阻抗和频率的关系。

2）根据表 6-23 实验数据，在方格纸上绘制高通滤波器和低通滤波器的幅频特性曲线，从曲线上：①求得截止频率 $f_C$，并与计算值相比较；②说明它们各具有什么特点。

3）根据表 6-23 实验数据，在方格纸上绘制带通滤波器的幅频特性曲线，从曲线上求得截止频率 $f_{C1}$ 和 $f_{C2}$，并计算通频带 $BW$。

# 6.7  RLC 串联谐振电路的研究

**1. 预习要求**

1）什么是 RLC 串联谐振状态？发生串联谐振时，电路有什么特点？

2）什么是电路的品质因数?

**2. 实验目的**

1）测量 RLC 串联电路的幅频特性、通频带及品质因数 $Q$ 值。

2）观察串联电路谐振现象，加深对其谐振条件和特点的理解。

**3. 实验原理**

（1）RLC 串联谐振

在图 6-35 所示的 RLC 串联电路中，电路的复阻抗为

$$Z = R + j\left(\omega L - \frac{1}{\omega C}\right) \tag{6-47}$$

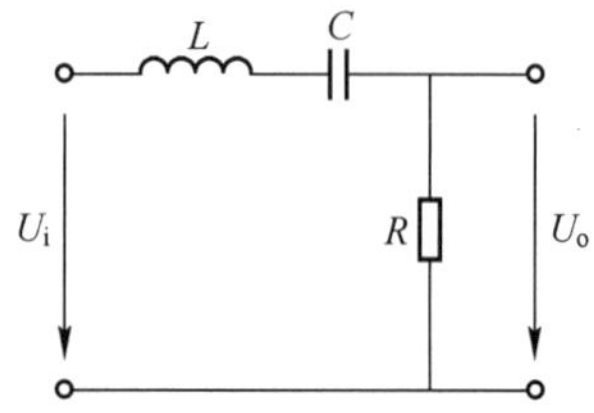

电路电流为

$$\dot{I} = \frac{\dot{U}_S}{Z} = \frac{\dot{U}_S}{R + j\left(\omega L - \frac{1}{\omega C}\right)} \tag{6-48}$$

图 6-35 RLC 串联电路

电路输出电压为

$$\dot{U}_o = \dot{I} R \tag{6-49}$$

当调节电路参数（$L$ 或 $C$）或改变电源的频率（$\omega$），电路电流的大小和相位都会发生变化。

当 $\omega L = \frac{1}{\omega C}$ 时，$Z = R$，$\dot{U}_S$ 与 $\dot{I}$ 同相，电路发生串联谐振，谐振角频率为

$$\omega_0 = \frac{1}{\sqrt{LC}} \tag{6-50a}$$

谐振频率为

$$f_0 = \frac{1}{2\pi\sqrt{LC}} \tag{6-50b}$$

此时，回路阻抗最小且为纯电阻性，$Z = R$。在输入电压为定值时，电路中的电流达到最大值，且与输入电压 $U_i$ 同相位。

显然，谐振频率 $f_0$ 仅与元件参数 $L$、$C$ 的大小有关，而与电阻 $R$ 的大小无关。当 $f = f_0$ 时，电路呈阻性，电路产生谐振；当 $f < f_0$ 时，电路呈容性；当 $f > f_0$ 时，电路呈感性。

RLC 电路串联谐振，电感电压和电容电压大小相等，方向相反，且有可能大于外施电压，所以串联谐振又称为电压谐振。电容两端电压与电源电压之比为品质因数 $Q$，即

$$Q = \frac{U_C}{U_S} = \frac{U_L}{U_S} = \frac{1}{\omega_0 CR} = \frac{\omega_0 L}{R} = \frac{1}{R}\sqrt{\frac{L}{C}} \tag{6-51}$$

式中，$\sqrt{\frac{L}{C}}$ 称为谐振电路的特征阻抗，在串联谐振电路中 $\sqrt{\frac{L}{C}} = \omega_0 L = \frac{1}{\omega_0 C}$。显然，当电路的元件参数 $L$、$C$ 不变时，不同的 $R$ 值将得到不同的 $Q$ 值。

（2）RLC 串联电路的幅频特性

当信号源的频率 $f$ 改变时，电路中的感抗、容抗随之而变，电路中的电流也随 $f$ 而变。在

图 6-35 所示的电路中，电流的大小与信号源角频率之间的关系，即电流的幅频特性的表达式为

$$I=\frac{U_S}{\sqrt{R^2+\left(\omega L-\dfrac{1}{\omega C}\right)^2}}=\frac{U_S}{R\sqrt{1+Q^2\left(\dfrac{f}{f_0}-\dfrac{f_0}{f}\right)^2}} \tag{6-52}$$

谐振时，电路中电流的有效值 $I_0=\dfrac{U_S}{R}$，则

$$\frac{I}{I_0}=\frac{1}{\sqrt{1+Q^2\left(\dfrac{f}{f_0}-\dfrac{f_0}{f}\right)^2}} \tag{6-53}$$

根据式（6-52）可以定性地画出电流 $I$ 随频率 $\omega$ 变化的曲线，如图6-36所示，称为谐振曲线。当电路的 $L$ 和 $C$ 保持不变时，改变 $R$ 的大小，可以得到不同的 $Q$ 值时的谐振曲线，显然 $Q$ 值越大，曲线越尖锐。

规定 $\dfrac{I}{I_0}=\dfrac{1}{\sqrt{2}}$ 时所对应的两个频率 $f_l$ 和 $f_h$ 分别称为下限频率和上限频率，$\dfrac{I}{I_0}\geqslant\dfrac{1}{\sqrt{2}}$ 的频率范围为电路的通频带，则

$$BW=f_h-f_l=\frac{f_0}{Q} \tag{6-54}$$

求截止频率时，可根据串联回路的电流模值相等，即

$$\left|\frac{\dot{U}_i}{|Z|}\right|=\left|\frac{\dot{U}_i}{\sqrt{2}R}\right| \tag{6-55}$$

将阻抗代入，并进行变换可得

$$\sqrt{R^2+\left(2\pi fL-\frac{1}{2\pi fc}\right)^2}=\sqrt{2}R \tag{6-56}$$

根据式（6-56）可求得四个解，其中两个正值即为所求截止频率。

图 6-37 所示为不同 $Q$ 值下的通用幅频特性曲线，也称为归一化幅频特性曲线。由图可见，电路对频率具有选择性。显然，$Q$ 值越大，通频带越窄，曲线越尖锐，电路的选择性越好。

注意：RLC 串联电路幅频特性曲线一般并不对称，下截止频率 $f_l$ 离谐振频率 $f_0$ 更近一些。

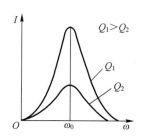

图 6-36  RLC 串联电路幅频特性曲线

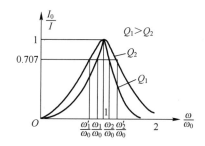

图 6-37  RLC 串联电路的通用幅频特性

（3）电路品质因数 $Q$ 值的两种测量方法

方法一：根据 RLC 串联谐振电路的品质因数定义，分别测定谐振时电源电压 $U_s$、电容 $C$ 上的电压 $U_c$ 或电感线圈 $L$ 的电压 $U_L$，由式（6-51）计算品质因数 $Q$ 值。

方法二：分别测定 RLC 串联谐振电路的谐振频率 $f_0$、上限频率 $f_h$ 和下限频率 $f_l$，得到谐振曲线的通频带宽度 $BW=f_h-f_l$，再根据（6-54），计算出品质因数 $Q$ 值。

### 4. 实验仪器及设备

1）DF1614C 函数信号发生器。

2）GOS-6021 双踪示波器。

3）DF2170A 真有效值交流毫伏表。

4）DGJ-03 实验挂箱：谐振电路实验电路板。

### 5. 注意事项

1）测试频率点的选择应在靠近谐振频率附近多取几点，在变换频率测试时，应调整信号输出幅度，使其维持在 1 V 输出不变。

2）在测量 $U_c$ 和 $U_L$ 数值前，应及时改换交流毫伏表的量程，而且在测量 $U_c$ 和 $U_L$ 时毫伏表的"+"端接 $C$ 和 $L$ 的公共点，"-"端分别接触 $L$ 和 $C$ 的另一端。

### 6. 实验内容及步骤

测定谐振频率点 $f_0$，按图 6-38 电路接线，调节信号源输出电压为 1 V 正弦信号，并在整个实验过程中保持不变。

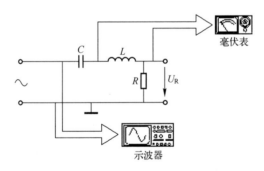

图 6-38  测定谐振频率点电路图

1）取 $R=6.2\ \text{k}\Omega$，将交流毫伏表跨接在电阻 $R$ 两端，令信号源的频率由小逐渐变大（注意要维持信号源的输出幅度不变），当 $U_R$ 的读数为最大时，此时的频率值即为电路的谐振频率 $f_0$，并测量 $U_{R0}$、$U_{C0}$、$U_{L0}$ 的值（注意及时更换毫伏表的量程），记入表 6-24 中。谐振时，应基本满足 $U_{C0}=U_{L0}$，其误差不超过 0.05 V。此外，谐振时，因为电容、电感的非理想因素存在，输出电压 $U_{R0}$ 比输入电压 $U_i$ 要小，而且在其他条件不变的情况下，电阻 $R$ 越小，输出电压值越小。

2）在谐振点两侧，先测出下限频率 $f_1$ 和上限频率 $f_2$ 及相对应的 $U_R$ 值，然后逐点测出不同频率下 $U_R$ 值，记入表 6-24 中。

表 6-24　$R=6.2\,\mathrm{k\Omega}$ 时谐振频率测量数据

| $R=6.2\,\mathrm{k\Omega}$ | | 谐振时 $U_C=$ | | $U_L=$ | | $Q=$ | | | |
|---|---|---|---|---|---|---|---|---|---|
| $f/\mathrm{kHz}$ | | $f_1=$ | | $f_0=$ | | $f_2=$ | | | |
| $U_R/\mathrm{V}$ | | | | | | | | | |

3）取 $R=1\,\mathrm{k\Omega}$ 重复步骤 1）的测量过程，将实验数据记入表 6-25 中。

表 6-25　$R=1\,\mathrm{k\Omega}$ 时谐振频率测量数据

| $R=1\,\mathrm{k\Omega}$ | | 谐振时 $U_C=$ | | $U_L=$ | | $Q=$ | | | |
|---|---|---|---|---|---|---|---|---|---|
| $f/\mathrm{kHz}$ | | $f_1=$ | | $f_0=$ | | $f_2=$ | | | |
| $U_R/\mathrm{V}$ | | | | | | | | | |

**7. 思考题**

1）根据实验电路板给出的元件参数值，估算电路的谐振频率。

2）改变电路的哪些参数可以使电路发生谐振？电路中 $R$ 的数值是否影响谐振频率值？

3）如何判别电路是否发生谐振？测试谐振点的方案有哪些？

4）电路发生串联谐振时，为什么输入电压不能太大？

5）要提高 RLC 串联电路的品质因数，电路参数应如何改变？

6）谐振时，比较输出电压 $U_R$ 与 $U_S$ 是否相等？对应的 $U_C$ 与 $U_L$ 是否相等？如有差异，原因何在？

**8. 实验报告要求**

1）根据测量数据，绘出不同 $R$ 值时的两条谐振曲线。

2）计算出通频带与 $Q$ 值，说明不同 $R$ 值时对电路通频带与品质因数的影响。

3）回答思考题 5）、6）。

4）通过本次试验，总结、归纳串联谐振电路的特性。

# 第7章  交流电路基础实验

## 7.1  荧光灯电路的测量及电路功率因数的提高

**1. 预习要求**

1）荧光灯由几部分构成？各个部分的作用是什么？

2）什么是电路的功率因数？为什么要改善功率因数？

**2. 实验目的**

1）研究正弦稳态交流电路中电压、电流相量之间的关系。

2）了解荧光灯电路的工作原理，掌握荧光灯电路的接线方法。

3）了解改善电路功率因数的意义及其方法。

**3. 实验原理**

（1）基尔霍夫定律的相量形式

在单相正弦交流电路中，用交流电流表测得各支路的电流值，用交流电压表测得回路各元件两端的电压值，它们之间的关系应满足相量形式的基尔霍夫定律，即

$$\sum \dot{I} = 0 \tag{7-1}$$

$$\sum \dot{U} = 0 \tag{7-2}$$

（2）荧光灯电路的工作原理

荧光灯由灯管、镇流器和启辉器三个部分构成，如图7-1所示。

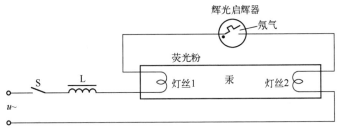

图7-1  荧光灯电路

1）灯管是一根内壁均匀涂有荧光物质的细长玻璃管，两端各有一支灯丝和电极，灯丝上涂有受热后易于发射电子的氧化物，管内充有稀薄的惰性气体（如氩、氖等）和少量的汞蒸气。当在两电极间加上一定的电压后，灯管发生弧光放电产生紫外线，激发荧光粉辐射可见光。

2）镇流器是一个带铁心的电感线圈，其作用是在荧光灯启动时感应一个高电压，促使

灯管放电导通，在荧光灯正常工作时能够限制电流。灯管瓦数不同，配的镇流器也应不同。

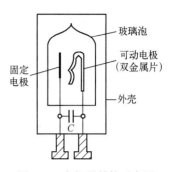

图 7-2 启辉器结构示意图

3）启辉器由一个固定电极和一个双金属片可动电极装在充有氖气的玻璃泡内组成，如图 7-2 所示。当接通电源时，灯管还没放电，启辉器的电极处于断开位置，此时电路中没有电流，电源电压全部加在启辉器两个电极上，电极间产生辉电放电，可动电极的双金属片受热弯曲碰上固定电极而接通电路，使灯管灯丝流过电流发射电子。电路接通后放电停止，电极也逐渐冷却并分开恢复原状。在电极分开瞬间，镇流器产生自感电动势，与外加电压一起加在灯管两端，使灯管产生弧光放电，灯管内壁荧光粉便发出近似日光的可见光。灯管放电后其端电压下降，启辉器不再工作。

（3）功率因数的提高

1）提高功率因数的意义：当电路（系统）的功率因数 $\cos\varphi$ 较低时，会带来两个方面的问题。一是设备的容量一定时，使得设备（如发电机、变压器等）的容量得不到充分的利用；二是在负载有功功率不变的情况下，会使得线路上的电流增大，使线路损耗增加，导致传输效率降低。因此，提高电路（系统）的功率因数有着十分重要而显著的经济意义。

2）提高功率因数的方法：提高功率因数通常是根据负载的性质在电路中接入适当的电抗元件，即接入电容器或电感器。由于实际的负载（如电动机、变压器等）大多为感性，因此在工程应用中一般采用在负载端并联电容器的方法，用电容器中容性电流补偿感性负载中的感性电流，从而提高功率因数。

3）无功补偿时的 3 种情况：进行无功补偿时会出现 3 种情况，即欠补偿、全补偿和过补偿。欠补偿是指接入电抗元件后，电路的功率因数提高，但功率因数小于 1，且电路等效阻抗的性质不变。全补偿是指将电路的功率因数提高后，$\cos\varphi = 1$。过补偿是指进行无功补偿后，电路的等效阻抗的性质发生了改变，即感性电路变成容性电路，或容性电路变为感性电路。从经济的角度考虑，在工程应用一般采用的是欠补偿，且通常使 $\cos\varphi = 0.85 \sim 0.9$。

在正常工作时，由于镇流器电感线圈串联在电路中，所荧光灯是一种感性负载。为了改善荧光灯电路的功率因数（$\cos\varphi$ 值），通常在荧光灯两端并联补偿电容 $C$。

**4. 实验仪器及设备**

1）DGJ-03 型电工技术实验装置：三相自耦调压器、交流电压表、交流电流表。

2）镇流器（40 W）一套，荧光灯灯管（40 W）一支，启辉器一支，电容器若干。

3）MC1098 单相电量仪表板：功率表。

**5. 注意事项**

1）实验用交流市电 220 V，务必注意用电安全和人身安全，必须严格遵守先接线后通电、先断电后拆线的实验操作原则。每次接线完毕，应自查一遍，方可接通电源。

2）电源电压应与荧光灯电压的额定值（220 V）相吻合，切勿接到 380 V 电源上。电源电压要加在灯管与镇流器串联电路两端，切勿将电源电压直接加在灯管两端。

3）每次更换接线时，务必先切断电源，电路通电后人体勿接触电路各非绝缘部分。

4）如线路接线正确，荧光灯不能启辉时，应检查启辉器及其他线路是否接触良好。

**6. 实验内容及步骤**

（1）荧光灯电路的连接

按图 7-3 所示的接线原理，将荧光灯电路各元件连接好，经指导教师检查后，接通 220 V 电源，观察荧光灯的启辉过程。

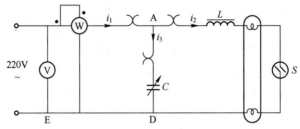

图 7-3　荧光灯及提高功率因数的实验电路

（2）并联电路——电路功率因数的改善

并联不同容量的电容器 C（电容取值见表 7-1），测量不同 C 值时的负载总功率 P、电源电压 U、总电流 $I_1$、功率因数 $\cos\varphi$ 及荧光灯电流 $I_2$、电容电流 $I_3$，将测量数据记入表 7-1 中，并记录电容 C = 0 时，荧光灯两端的电压 $U_R$ = _____ V，镇流器两端电压 $U_L$ = _____ V。电路总的阻抗为

$$Z = \frac{(R+\mathrm{j}\omega L)\dfrac{1}{\mathrm{j}\omega C}}{(R+\mathrm{j}\omega L)+\dfrac{1}{\mathrm{j}\omega C}} = \frac{\dfrac{R}{(\omega C)^2}-\mathrm{j}\left(\dfrac{R^2}{\omega C}+\dfrac{\omega L^2}{C}-\dfrac{L}{\omega C^2}\right)}{R^2+\left(\omega L-\dfrac{1}{\omega C}\right)^2} \tag{7-3}$$

此电路的谐振频率为

$$\omega_0 = \frac{1}{CL}\sqrt{C(L-R^2C)} \tag{7-4}$$

$$f_0 = \frac{1}{2\pi\sqrt{CL}}\sqrt{1-\frac{R^2C}{L}} \tag{7-5}$$

发生谐振时，$\omega = 2\pi f = 314$，此时，若灯的电阻 R 和镇流器 L 已知，则 Z 的虚部等于 0，即电路处于全补偿时，电容 C 应该为

$$C = \frac{L}{R^2+(\omega L)^2} \tag{7-6}$$

表 7-1　荧光灯电路的功率因数与并联电容 C 之间的关系数据

| 电容值/μF | P/W | U/V | $I_1$/A | $I_2$/A | $I_3$/A | $\cos\varphi$ |
|---|---|---|---|---|---|---|
| 0 | | | | | | |
| 0.22 | | | | | | |
| 0.47 | | | | | | |
| 1 | | | | | | |
| 2.2 | | | | | | |
| 4.3 | | | | | | |
| 4.77 | | | | | | |
| 5.77 | | | | | | |

电路的相量图如图 7-4 所示，设电源电压 $U$ 的初始相位为 0，$I_{10}$ 为没有电容补偿时电路的总电流，$I_{11}$、$I_{12}$、$I_{13}$ 分别为电容逐渐增大时电路的总电流。其中 $I_{10}$ 为

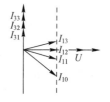

$$\dot{I}_{10} = \frac{\dot{U}}{R+\mathrm{j}\omega L} \tag{7-7}$$

图 7-4　电路相量图

式中，$R$ 为荧光灯的等效电阻；$L$ 为镇流器的等效电感。需注意的是，镇流器其实不能用纯电感来代替，它含有直流电阻，因此，电源电压、荧光灯和镇流器的电压矢量之间的关系较为复杂，不是直接的 $\dot{U}=\dot{U}_R+\dot{U}_L$ 关系。

虚线为总电流（即镇流器和荧光灯串联电流 $I_2$ 和电容电流 $I_3$ 的矢量和）的端点，这是因为电容电流和电压之间的伏安关系为

$$\dot{I}_C = \frac{\dot{U}_C}{Z_C} = \frac{\dot{U}_C}{\dfrac{1}{\mathrm{j}\omega C}} = \mathrm{j}\omega C \dot{U}_C \tag{7-8}$$

本实验中，电容两端的电压即电源电压。根据式（7-8）可以看出，电容上的电流比电压超前 90°，电源电压初始相位为 0，其相量图为复平面的实轴，因此电容电流在相量图的虚轴上，从而电路总电流会沿虚线变化。

根据式（7-8），电容电流随着电容容值的增大而增大，$C_3>C_2>C_1$，对应 $I_{33}>I_{32}>I_{31}$，但是相对应的总电流并不是 $I_{13}>I_{12}>I_{11}$，而是电流 $I_{12}$ 最大，这是因为此时电路经电容补偿后变为纯电阻性，电路总阻抗最大。反之，如果电路为电容性或者电感性，在除了电容以外其他不变的情况下，电路总电流达不到最小值。

整个电路中，补偿电容不会对镇流器和荧光灯组成的电路造成任何影响，因为它们之间是并联关系。另外，功率因数表中的功率测的是有功功率，不会随着补偿电容的变化而变化，功率因数表达式为

$$\cos\varphi = \frac{P}{UI} \tag{7-9}$$

式中，$P$ 为有功功率；$U$ 为电路的总电压，不随补偿电容的变化而变化；$I$ 为电路总电流。由式（7-9）可见，功率因数与电路总电流为反比关系。

设感性负载的有功功率为 $P$，功率因数为 $\cos\varphi_1$，接电容后功率因数提高到 $\cos\varphi$。因为并联电容前后负载的有功功率 $P$ 不变，所以功率三角形的横轴不变，并联前后功率三角形如图 7-5 所示。

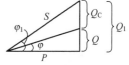

图 7-5　功率三角形关系

根据功率三角形，原来负载的无功功率为

$$Q_1 = P\tan\varphi_1 \tag{7-10}$$

并联电容后无功功率为

$$Q = P\tan\varphi \tag{7-11}$$

故应补偿的无功功率为

$$Q_C = Q_1 - Q = P(\tan\varphi_1 - \tan\varphi) \tag{7-12}$$

因为 $Q_C = \omega C U^2$，所以

$$C = \frac{P}{\omega U^2}(\tan\varphi_1 - \tan\varphi) \qquad (7\text{-}13)$$

式（7-13）为功率因数由 $\cos\varphi_1$ 提高到 $\cos\varphi$ 所需并联的电容值。

**7. 思考题**

1）在日常生活中，当荧光灯上缺少启辉器时，人们常用一根导线将启辉器的两端短接一下，然后迅速断开，使荧光灯亮；或用一只启辉器去点亮多只同类型的荧光灯，这是为什么？

2）为了提高电路的功率因数，常在感性负载上并联电容器，此时增加了一条电流支路，试问电路的总电流是增大还是减小，此时感性元件上的电流和功率是否改变？

3）提高电路功率因数为什么只采用并联电容器法，而不用串联法？所并的电容器是否越大越好？

**8. 实验报告要求**

1）完成数据表格的计算。

2）根据表 7-1 中的实验数据绘出电压、电流相量图，验证相量形式的基尔霍夫电压、电流定律。

3）在一张图中画出功率因数（作为其中一个纵坐标）、电容电流和总电流（作为另一个纵坐标）随并联电容 $C$ 变化的曲线。

4）回答思考题。

# 7.2　三相电路的研究

**1. 预习要求**

1）三相负载怎样连接成星形、三角形？相电压，线、相电流之间的关系是什么？

2）三相三线制和三相四线制三相功率的测量方法分别是什么？

**2. 实验目的**

1）掌握三相负载为星形联结、三角形联结的方法，验证这两种接法线、相电压及线、相电流之间的关系。

2）充分理解三相四线制供电系统中中线的作用。

3）掌握三相三线制和三相四线制三相电路功率的测量方法。

4）熟悉对称三相电路功率的测量方法。

**3. 实验原理**

（1）线电压（线电流）和相电压（相电流）的关系

1）星形联结的三相四线制电路

负载为星形（又称为"丫"形）联结时，三相四线制电路如图 7-6 所示。电路的两点 N（三相电源的负极）和 N′（三相电路负载的公共端）之间连接一根线（称作中性线），则成为三相四线制电路。当负载对称即 $Z_A = Z_B = Z_C$ 时，三相负载的相电流、线电压和相电压均对称，中性线电流为零，且线电压的有效值 $U_l$ 是相电压有效值 $U_p$ 的 $\sqrt{3}$ 倍，即 $U_l = \sqrt{3}\,U_p$。此时，电源的中性点 N 和负载的中性点 N′为等电位点，即 $U_{NN'} = 0$。

当三相负载不对称时，则负载相电压、线电压仍对称，但线（相）电流不对称，且中性线电流不为零。倘若中性线断开，会导致三相负载电压的不对称，致使负载轻的那一相的相电压过高，有可能使负载遭受损坏；负载重的一相电压又过低，使负载不能正常工作。

不对称三相负载为星形联结时，必须采用三相四线制接法，且中性线必须牢固连接，以保证三相不对称负载的每相电压维持对称不变。

2）三角形联结的三相电路

三相负载接成三角形（又称为"△"形）时，三相三线制电路如图 7-7 所示。若三相负载对称，则负载相电流、线电流对称，且线电流的有效值 $I_l$ 是相电流的有效值 $I_p$ 的 $\sqrt{3}$ 倍，即 $I_l = \sqrt{3}I_p$。当三相负载不对称时，负载上的相电压仍对称，但负载线电流、相电流不再对称，且线电流、相电流不存在 $\sqrt{3}$ 倍的关系，即 $I_l \neq \sqrt{3}I_p$。

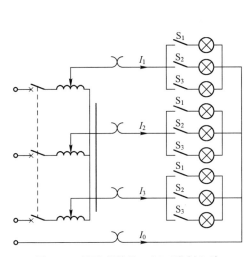

图 7-6 星形联结的三相四线制电路

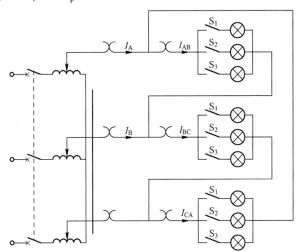

图 7-7 三角形联结的三相三线制电路

（2）三相电路有功功率的测量

1）三相四线制功率的测量：对三相四线制电路，负载各相电压是互相独立的，与其他相负载无关，可以用功率表独立地测出各相负载的功率，测量电路如图 7-8 所示。一般情况下用 3 个功率表测量三相负载功率，称为三瓦计法。三相负载的总功率为 3 个功率表的读数之和，即

$$P = P_A + P_B + P_C \tag{7-14}$$

式中，$P_A$、$P_B$、$P_C$ 分别为三相负载消耗的功率。也可用一个功率表分别测量各相负载的功率。当 3 个负载对称时，可只用一个功率表测量任一相的功率，三相总功率等于一相功率的 3 倍。

2）三相三线制功率的测量：对于三相三线制，负载为星形联结时，因为流过负载的电流与流过电源的电流相同，所以各相负载瞬态功率分别为

$$p_A = u_{AN}i_{负载A} = u_{AN}i_A \tag{7-15a}$$

$$p_B = u_{BN}i_{负载A} = u_{BN}i_B \tag{7-15b}$$

$$p_C = u_{CN}i_{负载C} = u_{CN}i_C \tag{7-15c}$$

总瞬态功率为

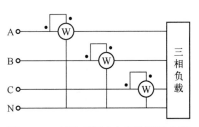

图 7-8 三相四线制功率的测量电路

$$p = p_A + p_B + p_C \qquad (7\text{--}16)$$

负载为三角形联结时，因为负载的电压为电源的线电压，电源线电流与负载电流的关系为

$$i_A = i_{AB} - i_{CA} \qquad (7\text{--}17a)$$
$$i_B = i_{BC} - i_{AB} \qquad (7\text{--}17b)$$
$$i_C = i_{CA} - i_{BC} \qquad (7\text{--}17c)$$

因此各相负载瞬态功率分别为

$$p_A = u_{AB}i_{AB} = (u_{AN} - u_{BN})(i_A + i_{CA}) = u_{AN}i_A + u_{AN}i_{CA} - u_{BN}i_A - u_{BN}i_{CA} \qquad (7\text{--}18a)$$
$$p_B = u_{BC}i_{BC} = (u_{BN} - u_{CN})(i_B + i_{AB}) = u_{BN}i_B + u_{BN}i_{AB} - u_{CN}i_B - u_{CN}i_{AB} \qquad (7\text{--}18b)$$
$$p_C = u_{CA}i_{CA} = (u_{CN} - u_{AN})(i_C + i_{BC}) = u_{CN}i_C + u_{CN}i_{BC} - u_{AN}i_C - u_{AN}i_{BC} \qquad (7\text{--}18c)$$
$$p = p_A + p_B + p_C = u_{AN}i_A + u_{BN}i_B + u_{CN}i_C \qquad (7\text{--}19)$$

根据式（7–16）和式（7–19）可见，测试功率时，功率与负载的接法无关。

三相三线制，通常采用两个功率表测量三相负载的总功率，称为二瓦计法。测量电路如图 7–9 所示。

三相负载的总功率 $P$ 等于两个功率表读数的代数和，即

$$P = P_1 + P_2 = U_{AC}I_A\cos\varphi_1 + U_{BC}I_B\cos\varphi_2 = P_A + P_B + P_C \qquad (7\text{--}20)$$

式中，$\varphi_1$ 为 $\dot{U}_{AC}$ 与 $\dot{I}_A$ 间的相位差角，$\varphi_2$ 为 $\dot{U}_{BC}$ 与 $\dot{I}_B$ 间的相位差角。

对于瞬态功率，有

$$p = p_1 + p_2 = u_{AC}i_A + u_{BC}i_B = (u_A - u_C)i_A + (u_B - u_C)i_B = u_Ai_A + u_Bi_B - u_Ci_A - u_Ci_B \qquad (7\text{--}21)$$

因为三相三线制，$i_A + i_B + i_C = 0$，所以式（7–21）变为

$$p = u_Ai_A + u_Bi_B + u_Ci_C = p_A + p_B + p_C \qquad (7\text{--}22)$$

可见，按照二瓦计法测量三相负载总功率可行。但需注意的是，二瓦计法中每个功率表测试的功率没有实际意义。

对称电源电压相量图如图 7–10 所示。

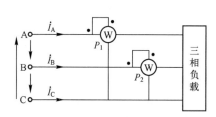

图 7-9 三相三线制功率的测量电路

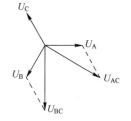

图 7-10 电源电压相量图

当负载对称时，两只功率表的读数分别为

$$P_1 = U_{AC}I_A\cos\varphi_1 = U_{AC}I_A\cos(30° - \varphi) \qquad (7\text{--}23a)$$
$$P_1 = U_{BC}I_B\cos\varphi_2 = U_{BC}I_B\cos(30° + \varphi) \qquad (7\text{--}23b)$$
$$P_1 + P_2 = U_{AC}I_A(\cos30°\cos\varphi + \sin30°\sin\varphi) + U_{BC}I_B(\cos30°\cos\varphi - \sin30°\sin\varphi)$$
$$= \frac{\sqrt{3}}{2}\cos\varphi(U_{AC}I_A + U_{BC}I_B) + \frac{1}{2}\sin\varphi(U_{AC}I_A - U_{BC}I_B) \qquad (7\text{--}24)$$

因为对称，含 sin 的项为 0，含 cos 的项结果为 $3U_{AN}I_A\cos\varphi$，即二瓦计法测试的结果为三

相负载的功率和。

采用二瓦计法时，3 个负载的总功率为两功率表读数的代数和，实际测量时，在一些情况下某个功率表的读数可能为负数。若用指针式功率表测量时出现指针反向偏转的情况，这时应将功率表电流线圈（或电压线圈）的两个端钮接线对称，使指针正向偏转以便于读数，但读数应取负值。

### 4. 实验仪器及设备

1) DGJ-03 型电工技术实验装置：三相自耦调压器、交流电压表、交流电流表。

2) DGJ-04 交流电路实验挂箱：三相灯组负载（15 W/220 V 白炽灯 9 只）。

3) MC1098 单相电量仪表板：功率表。

### 5. 注意事项

1) 本实验采用三相交流市电，线电压为 380 V，应穿绝缘鞋进入实验室。实验时要注意人身安全，不可触及导电部件，防止意外事故发生。

2) 每次实验完毕，均需将三相调压器旋柄调回零位，每次改变线路，均需断开三相电源，以确保人身安全。

3) 每次接线完毕，同组同学应自查一遍，然后由指导教师检查后，方可接通电源，必须严格遵守先接线后通电、先断电后拆线的实验操作原则。

4) 三角形负载接线与星形负载有很大不同，注意分辨。

5) 电源相电压指的是 A(U)、B(V) 和 C(W) 每相与地 N 之间的电压 $U_{AN}$、$U_{BN}$、$U_{CN}$，电源线电压指的是每两相电源相电压之间的电压 $U_{AB}$、$U_{BC}$、$U_{CA}$，负载相电压指的是负载上的电压。线电流指的是流过各相电源的电流，相电流指的是流过负载的电流。

### 6. 实验内容及步骤

（1）三相负载星形联结（三相四线制供电）

按图 7-6 组接实验电路，即三相负载星形联结接通三相对称相电压为 110V 的电源，按数据表格所列各项要求分别测量三相负载星形联结时的线电流、线电压、负载相电压、中性线电流 $I_0$、电源负极与负载公共点之间的电压 $U_{NN'}$，记录在表 7-2 中。观察各相灯组亮暗的变化程度，特别注意观察中性线的作用。

表 7-2　测量负载星形联结时的测量数据

| 测量数据<br>负载情况 | 开灯盏数 | | | 线电流/A | | | 线电压/V | | | 负载相电压/V | | | 中性线电流<br>$I_0$/A | 中性点电压<br>$U_{NN'}$/V |
|---|---|---|---|---|---|---|---|---|---|---|---|---|---|---|
| | A 相 | B 相 | C 相 | $I_A$ | $I_B$ | $I_C$ | $U_{AB}$ | $U_{BC}$ | $U_{CA}$ | $U_{AN'}$ | $U_{BN'}$ | $U_{CN'}$ | | |
| 平衡负载 Y₀ 联结 | 3 | 3 | 3 | | | | | | | | | | | |
| 平衡负载 Y 联结 | 3 | 3 | 3 | | | | | | | | | | | |
| 不平衡负载 Y₀ 联结 | 1 | 2 | 3 | | | | | | | | | | | |
| 不平衡负载 Y 联结 | 1 | 2 | 3 | | | | | | | | | | | |

对于星形三相三线制，即无中性线，或者说中性线断开的情况，N′ 处的电压可以根据基尔霍夫电流定律求得

$$\dot{I}_1+\dot{I}_2+\dot{I}_3=0 \tag{7-25}$$

根据欧姆公式，式（7-25）变为

$$\frac{\dot{U}_{AN}-\dot{U}_{NN'}}{Z_A}+\frac{\dot{U}_{BN}-\dot{U}_{NN'}}{Z_B}+\frac{\dot{U}_{CN}-\dot{U}_{NN'}}{Z_C}=0 \tag{7-26}$$

整理可得

$$\frac{\dot{U}_{AN}}{Z_A}+\frac{\dot{U}_{BN}}{Z_B}+\frac{\dot{U}_{CN}}{Z_C}=\dot{U}_{NN'}\left(\frac{1}{Z_A}+\frac{1}{Z_B}+\frac{1}{Z_C}\right) \tag{7-27}$$

则有

$$\dot{U}_{NN'}=\frac{\dfrac{\dot{U}_{AN}}{Z_A}+\dfrac{\dot{U}_{BN}}{Z_B}+\dfrac{\dot{U}_{CN}}{Z_C}}{\dfrac{1}{Z_A}+\dfrac{1}{Z_B}+\dfrac{1}{Z_C}} \tag{7-28}$$

将电抗写为电导形式,则有

$$\dot{U}_{NN'}=\frac{\dot{U}_{AN}Y_A+\dot{U}_{BN}Y_B+\dot{U}_{CN}Y_C}{Y_A+Y_B+Y_C} \tag{7-29}$$

根据式(7-29),如果三相负载对称/平衡,即 $Z_A=Z_B=Z_C$,其模值和幅角都相等,则有 $\dot{U}_{NN'}=0$,即负载相连的点与 N 点无电位差。如果三相负载不对称,则 N′相对 N 点有漂移,且有结论:负载模值大的,其负载电压越大,请同学自行证明。

(2)负载三角形联结(三相三线制供电)

按图 7-7 改接实验电路,经指导教师检查后接通三相电源,调节调压器,使电源相电压为 110 V,按表 7-3 的内容进行测试。

表 7-3 测量负载三角形联结时的测量数据

| 测量数据<br>负载情况 | 开灯盏数 | | | 线电流/A | | | 相电流/A | | | 相电压/V | | |
|---|---|---|---|---|---|---|---|---|---|---|---|---|
| | A-B 相 | B-C 相 | C-A 相 | $I_A$ | $I_B$ | $I_C$ | $I_{AB}$ | $I_{BC}$ | $I_{CA}$ | $U_{AB}$ | $U_{BC}$ | $U_{CA}$ |
| 平衡负载△联结 | 3 | 3 | 3 | | | | | | | | | |
| 不平衡负载△联结 | 3 | 2 | 3 | | | | | | | | | |

对于三角形联结方式,线电流和相电流之间的关系如下:

$$\dot{I}_A=\dot{I}_{AB}-\dot{I}_{CA} \tag{7-30a}$$

$$\dot{I}_B=\dot{I}_{BC}-\dot{I}_{AB} \tag{7-30b}$$

$$\dot{I}_C=\dot{I}_{CA}-\dot{I}_{BC} \tag{7-30c}$$

由式(7-30)可以看出,如果 B-C 相负载变化,而其他两相负载不变化,则相电流只有 $\dot{I}_{BC}$ 变化,其他两相不变化,但是线电流 $\dot{I}_B$ 和 $\dot{I}_C$ 发生变化,仅 $\dot{I}_A$ 不变化。

(3)三相电路有功功率的测量

1)用三瓦计法测量三相四线制负载对称和不对称时的有功功率 $P_A$、$P_B$、$P_C$。

按图 7-8 连接电路,每组以两个灯泡并联为一组负载,再将每组灯泡连接成星形,组成星形负载。按表 7-4 所要求的负载情况进行测量,并将测量结果记录表 7-4 中。

2)用二瓦计法测量三相三线制负载对称和不对称时的有功功率 $P_1$、$P_2$。

按图 7-9 连接电路,每组以两个灯泡并联为一组负载,再将每组灯泡连接成星形,组成星形负载。按表 7-4 所要求的负载情况进行测量，并将测量结果记录表 7-4 中。

表 7-4 三相电路有功功率的测量数据

| 测量值 / 负载情况 | 三瓦计法 | | | 二瓦计法 | |
|---|---|---|---|---|---|
| | $P_A/W$ | $P_B$（W） | $P_C$（W） | $P_1$（W） | $P_2$（W） |
| 负载对称 | | | | | |
| 负载不对称 | | | | | |

对于对称电路，三相功率和为

$$P = 3P_p = 3U_p I_p \cos\varphi \qquad (7\text{-}31)$$

星形联结时

$$P = 3P_1 = 3 \frac{U_1}{\sqrt{3}} I_1 \cos\varphi = \sqrt{3} U_1 I_1 \qquad (7\text{-}32)$$

三角形联结时

$$P = 3P_1 = 3U_1 \frac{I_1}{\sqrt{3}} \cos\varphi = \sqrt{3} U_1 I_1 \qquad (7\text{-}33)$$

可见对称电路的三相功率和具有统一的形式，与电路的连接方式无关。

**7. 思考题**

1）三相负载根据什么条件采用星形或三角形联结？

2）三相星形联结不对称负载在无中性线情况下，当某相负载开路或短路时会出现什么情况？如果接上中性线，情况又如何？

3）本次实验中为什么要通过三相调压器将 380 V 的市电线电压降为 190 V 的线电压使用？

4）请画出各种连接方式下，负载对称和不对称时相/线电压及相/线电流的相量图。

5）二瓦计法测量三相电路有功功率的原理是什么？

**8. 实验报告要求**

1）用实验测得的数据验证对称三相电路中的相电压、线电压、相电流和线电流之间的关系。

2）用实验数据和观察到的现象，总结三相四线供电系统中中性线的作用。

3）不对称三角形联结的负载，能否正常工作？实验是否能证明这一点。

4）根据不对称负载三角形联结时的相电流值绘制相量图，并求出线电流值，然后与实验测得的线电流进行比较和分析。

5）回答思考题。

# 第4部分 模拟电子技术实验

# 第8章 分立元件放大电路

## 8.1 单管共射极放大电路

**1. 预习要求**

1）复习单管共射极放大电路的基本理论。

2）在虚拟仿真实验平台上完成实验前预习及仿真内容。

3）根据电路给定的参数，估算静态工作点及电压放大倍数、输入电阻和输出电阻等相关参数（$\beta$ 按 150 估算）。

4）写出预习报告，准备好实验数据记录表格。

**2. 实验目的**

1）熟悉电子元器件和模拟电路实验箱。

2）掌握放大电路静态工作点的调试方法及对放大电路性能的影响。

3）学习测量放大电路静态工作点，以及 $A_u$、$R_i$、$R_o$ 的方法，了解共射极电路特性。

4）学习放大电路的动态性能。

**3. 实验原理**

（1）放大电路概述

以一个晶体管为核心，辅以必要的电源、电阻、电容等元器件，可组成模拟电子技术的基本内容之一——单管放大电路的各种形式。单管放大电路能将频率从几十赫兹到几百千赫兹的信号进行不失真的放大，它是放大器中最基本的单元电路。

放大的目的是将微弱的变化信号放大成较大的信号，在放大电路中，交、直流信号共存，直流电源为不失真放大提供直流偏置条件，对交流信号（变化的信号）进行放大才是电路的目的。**放大的实质是利用输入的小信号能量来控制直流电源向负载提供放大的能量，**从这个意义上讲，放大的实质是一种能量控制作用。

（2）共射极基本放大电路组成及各元件作用

共射极基本放大电路的组成如图 8-1 所示。

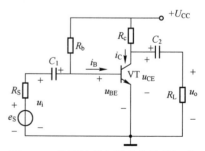

图 8-1 共射极基本放大电路的组成

**晶体管 VT**：放大元件，利用它的电流放大作用，在集电极电路获得放大了的电流 $i_C$，该电流受输入电流的控制。

**集电极电源电压 $U_{CC}$**：除了为输出信号提供能量外，它还保证集电结处于反向偏置，以使晶体管具有放大作用。

**集电极负载电阻 $R_c$**：将电流的变化变换为电压的变化，以实现电压放大。

**偏置电阻 $R_b$**：提供大小适当的基极电流，以使放大电路获得合适的工作点，并使发射结处于正向偏置。

**耦合电容 $C_1$ 和 $C_2$**：一方面起到隔直流作用；另一方面又起到交流耦合的作用，对交流信号可视为短路。

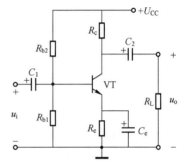

图 8-2　共射极分压式偏置放大电路

该电路属于固定偏置电路，当 $R_b$ 一旦选定，$i_B$ 也就固定不变，当外界温度变化时，它不能稳定静态工作点，所以，经常采用分压式偏置放大电路，如图 8-2 所示。

分压偏置式共射极放大电路通过引入直流负反馈来稳定静态工作点，过程如下：

当元件参数选定之后，$U_B$ 为定值，VT↑→$\beta$↑→$I_{CQ}$↑→$U_E$↑→$U_{BE}$↓→$I_{BQ}$↓→$I_{CQ}$↓，反过程也一样，以此达到稳定静态工作点的目的。$R_e$ 为反馈电阻，$R_e$ 越大，稳定静态工作点效果越好，但对于交流损失也越大，导致电路的放大倍数由于引入负反馈而减小了，为此，在 $R_e$ 两端并联上旁路电容 $C_e$ 加以补偿。

（3）对放大电路的要求

对放大电路的最基本要求：一是不失真，二是能够放大。放大电路是否失真，由晶体管静态工作点的选择和输入信号大小共同决定。

放大电路的线性工作范围与晶体管静态工作点的位置有关。当静态工作点适中时，放大电路工作在线性放大区；静态工作点选择过低，晶体管进入截止区，放大电路易产生截止失真，如图 8-3 所示；静态工作点选择过高，放大电路易产生饱和失真，如图 8-4 所示。

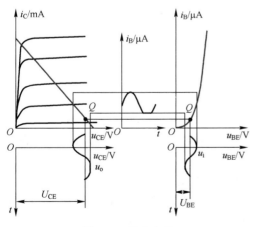

图 8-3　截止失真

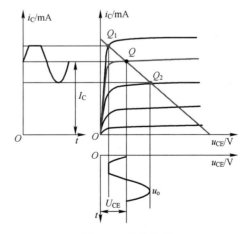

图 8-4　饱和失真

当输入信号大小超出放大电路的线性工作范围时，即使静态工作点位置适中，仍会出现截止和饱和同时出现的失真情况，即线性失真（大信号失真）；输入信号较小时，静态工作点位置对失真影响不大，但小信号易受噪声等干扰，造成信噪比下降，影响实验效果。

**4. 实验仪器及设备**

1）实验箱及相关电路板。

2）双踪示波器。

3）信号发生器。

4）交流毫伏表。

5）数字万用表。

**5. 注意事项**

1）实验中要将直流稳压电源、函数信号发生器、示波器等电子仪器和实验电路共地，避免引起干扰。

2）实验性能指标的测试要在输出电压波形不失真和没有明显干扰的情况下进行。

3）注意实验过程中有效值与峰峰值之间的转换关系，避免混淆。

**6. 实验内容及步骤**

（1）静态及动态研究

1）按图 8-5 所示电路接线。

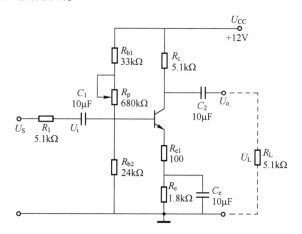

图 8-5　共射极晶体管放大电路实验电路图

2）将信号发生器的输出信号调到频率为 1 kHz，峰峰值为 160 mV，接至放大电路的输入端 $U_S$ 点，将输入和输出接到示波器的两个通道上，观察 $U_S$ 和 $U_o$，并比较相位。

注：如果输出波形为杂波或者不稳定的波形，原因是静态工作点选择不当导致晶体管未工作在放大区，可适当调节静态工作点，直到输出为稳定的正弦波。

3）改变电位器 $R_p$ 的大小，观察输出信号 $U_o$ 的波形变化情况，保存两种失真波形在优盘中，注意区分饱和失真和截止失真。

注：在电路中引入负反馈电阻 $R_e$，用于稳定静态工作点，即当环境温度变化时，保持静态集电极电流 $I_{CQ}$ 和管压降 $U_{CEQ}$ 基本不变。依靠于下列反馈关系：VT↑—$\beta$↑—$I_{CQ}$↑—$U_E$↑—$U_{BE}$↓—$I_{BQ}$↓—$I_{CQ}$↓，反过程也一样，其中 $R_{b2}$ 的引入是为了稳定 $U_B$。

引入负反馈的放大电路有静态工作点稳定的优点，但由于负反馈使得放大倍数变小，因而实际使用时在$R_e$两端并联一个大电容$C_e$，其对交流信号近似短路，从而形成直流负反馈、交流无反馈的共射极放大电路。其保留了稳定静态工作点、放大倍数稳定的优点，而放大倍数近似于一般共射极放大电路，唯一的缺点是大电容的出现将引入相位差，这是由于电容在交流信号下的电抗引起的。为提升交流静态工作点，同时在$R_e$上方加入$100\ \Omega$的小电阻。

4）调整静态工作点，在输出信号不失真的情况下测量静态工作点，记录在表8-1中。

表 8-1　共射极晶体管放大电路静态工作点测量数据

| 实测值 | | | | | 计算值 |
|---|---|---|---|---|---|
| $U_B/V$ | $U_C/V$ | $U_E/V$ | $U_{BE}/V$ | $U_{CE}/V$ | $I_C/mA$ |
| | | | | | |

5）静态工作点和信号源频率保持不变，逐渐加大信号源幅度至 $1\sim2\ V_{PP}$，保存大信号下线性失真的波形在优盘中。

（2）电压放大倍数的测量

将输入信号峰峰值设置为 160 mV，不接负载，在改变$R_c$数值的情况下测量，并将结果填入表8-2中。

表 8-2　共射极晶体管放大电路电压放大倍数测量数据

| 给定参数 | 实测值 | | | 计算值 |
|---|---|---|---|---|
| $R_c/k\Omega$ | $U_S/mV$ | $U_i/mV$ | $U_o/mV$ | $A_u=U_o/U_i$ |
| 2 | | | | |
| 5.1 | | | | |

（3）输入电阻的测量

所谓输入电阻，指的是从输入端看进去的整个放大电路的等效电阻。利用等效电路法测量，如图 8-6 所示。

在输入端串联接入一个 5.1 kΩ 的电阻，如图 8-6 所示，$R_c$ 设为 5.1 kΩ，测量$U_S$ 与 $U_i$，即可计算$R_i$。

$$R_i = \frac{U_i}{U_S - U_i}R$$

（4）输出电阻的测量

输出电阻指的是从输出端看进去的整个放大电路的等效电阻。同样利用等效电路法测量，如图 8-7 所示。

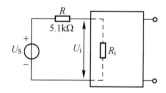

图 8-6　共射极晶体管放大电路
输入电阻的测量

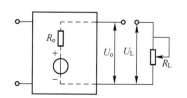

图 8-7　共射极晶体管放大电路
输出电阻的测量

在输出端接入大小为 $5.1\,\mathrm{k\Omega}$ 的负载，$R_{\mathrm{c}}$ 分别取 $5.1\,\mathrm{k\Omega}$ 和 $2\,\mathrm{k\Omega}$，测量带负载时输出电压 $U_{\mathrm{L}}$ 和空载时的 $U_{\mathrm{o}}$，即可计算出 $R_{\mathrm{o}}$，分析 $R_{\mathrm{c}}$ 的大小对输出电阻的影响。

$$R_{\mathrm{o}} = \left( \frac{U_{\mathrm{o}}}{U_{\mathrm{L}}} - 1 \right) R_{\mathrm{L}}$$

**7. 思考题**

1）总结 $R_{\mathrm{c}}$、$R_{\mathrm{L}}$ 变化对放大倍数 $A_{\mathrm{u}}$ 的影响。

2）测量过程中，所有仪器与实验电路的公共端必须接在一起，为什么？

3）如果测量时发现放大倍数 $A_{\mathrm{u}}$ 远小于理论值，可能是什么原因造成的？

4）测量放大电路输入电阻时，若串联电阻的阻值比其输入电阻值大很多或者小很多，对测量结果有何影响？

**8. 实验报告要求**

1）画出实验电路图，整理实验数据，打印出保存的波形图。

2）根据实验电路图计算放大倍数、输入电阻和输出电阻的理论值，并与测量值进行比较，分析误差可能出现的原因。

3）分析静态工作点对放大电路输出波形的影响等。

4）回答思考题。

5）写出实验心得体会。

# 8.2 射极跟随器电路

**1. 预习要求**

1）复习射极跟随电路的基本理论。

2）在虚拟仿真实验平台上完成实验前预习及仿真内容。

3）根据电路图给定的参数，估算静态工作点，画出交直流负载线。

4）写出预习报告，准备好实验数据记录表格。

**2. 实验目的**

1）掌握射极跟随电路的特性及测量方法。

2）进一步学习放大电路各项参数的测量方法。

**3. 实验原理**

（1）射极跟随器概述

射极跟随器实际上是共集电极放大电路，信号从基极输入，输出电压从发射极输出，动态电压放大倍数略小于1，也被称为射极跟随器。此时输入信号与输出信号相位相同，也可认为是一种电流放大器，典型电路如图8-8所示。

射极跟随器的典型特点为输入阻抗高，输出阻抗低，因而从信号源索取的电流小而且带负载能力强（所谓带负载能力强，是指当负载变化时，放大倍数基本不变），所以常用于多级放大电路的输入级和输出级；也可用它连接两级电路，减少电路间直接相连所带来的影响，起缓冲作用。

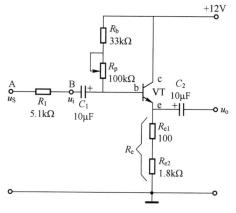

图 8-8　射极跟随器电路

（2）射极跟随器电路动态分析

分析图 8-8 的交流等效电路，由其交流通道，有公式如下：

$$u_i = i_b r_{be} + (1+\beta) i_b (R_e \| R_L)$$

$$u_o = (1+\beta) i_b (R_e \| R_L)$$

$$A_u = \frac{(1+\beta)(R_e \| R_L)}{r_{be} + (1+\beta) i_b (R_e \| R_L)}$$

由以上公式可知，由于一般有 $(1+\beta)(R_e \| R_L) \gg r_{be}$，所以 $A_u \approx 1$，又由于 $i_e \gg i_b$，因而射极跟随器仍有电流放大作用。

射极跟随器电路的等效输入、输出电阻可计算如下：

$$R_i = r_{be} + (1+\beta)(R_e \| R_L)$$

$$R_o = \frac{r_{be}}{1+\beta} \| R_e$$

（3）射极跟随器的应用

1）射极跟随器电路的输入电阻 $R_i$ 比共射极放大电路大得多，可达几十到几百千欧，它常被用在多级放大电路的第一级，可以提高输入电阻，减轻信号源负担。

2）因其输出电阻 $R_o$ 很小，可达到几十欧姆，常被用在多级放大电路的末级，可以降低输出电阻，提高带负载能力。

3）利用 $R_i$ 大、$R_o$ 小以及 $A_u \approx 1$ 的特点，也可将射极跟随器放在放大电路的两级之间，起到阻抗匹配作用，这一级射极跟随器称为缓冲级或中间隔离级。

**4. 实验仪器及设备**

1）实验箱及相关电路板。

2）双踪示波器。

3）信号发生器。

4）交流毫伏表。

5）数字万用表。

**5. 实验内容及步骤**

1）按图 8-8 电路接线，检查无误后接通电源。

2）静态工作点的调整。在 B 点加 $f=1\,\mathrm{kHz}$、$1\,\mathrm{V_{PP}}$ 的正弦波信号，输出端用示波器监视，反复调整 $R_p$ 大小，使得在示波器屏幕上得到一个最大不失真波形，然后断开输入信号，用万用表测量晶体管各极对地的电位，即为该放大器静态工作点，将所测数据填入表 8-3 中。

**表 8-3　射极跟随器静态工作点测量数据**

| $U_e/\mathrm{V}$ | $U_b/\mathrm{V}$ | $U_c/\mathrm{V}$ | $I_e=\dfrac{U_e}{R_e}$ |
|---|---|---|---|
|  |  |  |  |

3）测量电压放大倍数 $A_u$。保持第 2 步中输入信号大小和 $R_p$ 不变，在输出信号不失真的情况下，用交流毫伏表测 $U_i$ 和 $U_o$ 值，将所测数据填入表 8-4 中。

**表 8-4　射极跟随器电压放大倍数测量数据**

| $U_i/\mathrm{V}$ | $U_o/\mathrm{V}$ | $A_u=\dfrac{U_o}{U_i}$ |
|---|---|---|
|  |  |  |

4）测量输出电阻 $R_o$。保持第 2 步中的输入信号大小和 $R_p$ 不变，负载设为 $R_L=330\,\Omega$，用示波器观察输出波形，在输出不失真的情况下，测空载时输出电压 $U_o$（$R_L=\infty$），加负载时输出电压 $U_L$（$R_L=330\,\Omega$）的值。则 $R_o=\left(\dfrac{U_o}{U_L}-1\right)R_L$。

将所测数据填入表 8-5 中。

**表 8-5　射极跟随器输出电阻测量数据**

| $U_i/\mathrm{mV}$ | $U_o/\mathrm{mV}$ | $U_L/\mathrm{mV}$ | $R_o=\left(\dfrac{U_o}{U_L}-1\right)R_L$ |
|---|---|---|---|
|  |  |  |  |

5）测量输入电阻 $R_i$（采用换算法）。在输入端 A、B 之间串入 $R_1=5.1\,\mathrm{k\Omega}$ 的电阻，A 点加入 $f=1\,\mathrm{kHz}$、$1\,\mathrm{V_{PP}}$ 的正弦波信号，用示波器观察输出波形，用交流毫伏表分别测 A、B 点对地电位 $U_S$、$U_i$。则 $R_i=\dfrac{U_i}{U_S-U_i}R_1$。

将测量数据填入表 8-6 中。

**表 8-6　射极跟随器输入电阻测量数据**

| $U_S/\mathrm{V}$ | $U_i/\mathrm{V}$ | $R_i=\dfrac{U_i}{U_S-U_i}R_1$ |
|---|---|---|
|  |  |  |

6）测射极跟随器的跟随特性。接入负载 $R_L=330\,\Omega$，在 B 点加入 $f=1\,\mathrm{kHz}$ 的正弦波信号，逐点增大输入信号幅度 $U_i$，选取 4 个大小不同的信号，用示波器监视输出端，在波形不

失真时，分别测对应的$U_L$值，计算出$A_u$。将所测数据填入表8-7中。

表8-7 射极跟随器跟随特性测量数据

|  | 1 | 2 | 3 | 4 |
|---|---|---|---|---|
| $U_i$ |  |  |  |  |
| $U_L$ |  |  |  |  |
| $A_u$ |  |  |  |  |

**6. 思考题**

1）为什么射极跟随器具有大输入电阻、小输出电阻的特性？

2）$R_1$和$R_L$的阻值大小对于测量电路输入、输出电阻的结果有何影响？

**7. 实验报告要求**

1）画出实验电路图，整理实验数据，打印出保存的波形曲线。

2）根据实验电路图计算放大倍数、输入电阻及输出电阻的理论值，并与测量值进行比较，分析误差可能出现的原因。

3）回答思考题。

4）写出实验心得体会。

# 8.3 场效应晶体管放大电路

**1. 预习要求**

1）复习共源极结型场效应晶体管放大电路内容。

2）熟悉场效应晶体管放大电路基本构成及原理，初步估计测试内容的变化范围。

**2. 实验目的**

1）了解结型场效应晶体管的可变电阻属性。

2）掌握共源极放大电路的特点。

3）掌握场效应晶体管放大电路的动态特性测试方法。

**3. 实验原理**

（1）场效应晶体管概述

场效应晶体管是利用电场效应来控制电流的一种半导体器件，即电压控制元件，它的输入电压决定输出电流的大小。

场效应晶体管按照结构不同分为结型场效应晶体管（JFET）和绝缘栅型场效应晶体管（IGFET）；按照工作状态可分为增强型和耗尽型两类；按照导电沟道可分为 N 沟道和 P 沟道。

（2）主要特点

1）单极型晶体管，只有多数载流子参与导电。

2）电压型控制元件，通过栅源电压$u_{GS}$控制输入电流$i_D$。

3）场效应晶体管栅源之间处于绝缘或者反向偏置，输入端几乎没有电流，所以其直流输入电阻和交流输入电阻都非常高（可达$10^7 \sim 10^{14}\ \Omega$）。

4）由于场效应晶体管是利用多数载流子导电的，所以其噪声系数比双极型晶体管 BJT 小，受温度和辐射等外界因素影响小。

5）由于场效应晶体管的结构对称，有时漏极和源极可以互换使用，而各项指标基本上不受影响，因此应用时比较方便、灵活。

6）场效应晶体管制造工艺简单，芯片面积小，便于集成化等。

7）场效应晶体管的跨导较小，当组成放大电路时，在相同的负载电阻下，电压放大倍数比双极型晶体管低。

场效应晶体管与晶体管的具体区别见表 8-8。

表 8-8　场效应晶体管与晶体管的区别

| 项目 | 双极型晶体管 | 单极型场效应晶体管 |
|---|---|---|
| 载流子 | 电子和空穴两种载流子同时参与导电 | 电子或空穴中一种载流子参与导电 |
| 控制方式 | 电流控制 | 电压控制 |
| 类型 | NPN 和 PNP | N 沟道和 P 沟道 |
| 放大参数 | $\beta = 20 \sim 200$ | $g_m = 1 \sim 5 \, \text{mA/V}$ |
| 输入电阻 | $10^2 \sim 10^4 \, \Omega$，较低 | $10^7 \sim 10^{14} \, \Omega$，较高 |
| 输出电阻 | $r_{ce}$ 很高 | $r_{ds}$ 很高 |
| 热稳定性 | 差 | 好 |
| 制造工艺 | 较复杂 | 简单，成本低 |
| 对应电极 | B-E-C | G-S-D |

（3）N 沟道结型场效应晶体管的转移特性

栅源电压 $u_{GS} < 0$，利用控制导电沟道宽度，来控制 $i_D$。图 8-9 为其转移特性曲线，$I_{DSS}$ 为饱和电流，$U_{GS(off)}$ 为夹断电压，当场效应晶体管工作在恒流区时，有

$$i_D = I_{DSS} \left( 1 - \frac{u_{GS}}{U_{GS(off)}} \right)^2$$

（4）N 沟道结型场效应晶体管的输出特性

根据漏极电流 $i_D$ 的变化，将场效应晶体管工作范围分为夹断区（截止区）、可变电阻区、恒流区（饱和区）和击穿区，如图 8-10 所示，此时，对于 N 沟道结型场效应晶体管，有 $u_{GS} < 0$，$u_{DS} > 0$。

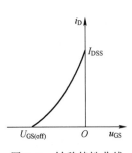

图 8-9　转移特性曲线

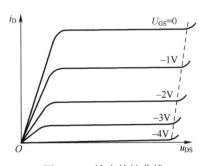

图 8-10　输出特性曲线

**可变电阻区**：当 $u_{GS} > u_P$ 时，沟道形成；在 $u_{DS} > 0$ 时，沟道内的电子在横向电场作用下，产生漏极电流 $i_D$。但当 $u_{DS}$ 比较小时，由于 $u_{DS}$ 的变化对沟道大小影响不大，$i_D$ 基本随 $u_{GS}$ 做线性变化，当 $u_{GS}$ 恒定时，沟道导通电阻近似为一常数，从此意义上说，该区域为恒定电阻区；当 $u_{GS}$ 变化时，沟道导通电阻阻值随 $u_{GS}$ 的变化而变化；因此该区域又可称为可变电阻区。

**恒流区（饱和区）**：当 $u_{GS}$ 恒定，在未饱和时，增加 $u_{DS}$，使漏极电流 $i_D$ 增加，当加大到使靠近漏极端的栅漏电压等于开启电压时，$i_D$ 达到最大值，漏极端的导电沟道将开始消失（称为预夹断），此时场效应晶体管刚好饱和；若继续增加 $u_{DS}$，会使漏极端导电沟道被夹断而出现耗尽层，并随着 $u_{DS}$ 的增加，夹断点向源极移动。由于耗尽层的电阻率远大于沟道的电阻率，因此当漏极端出现耗尽层后，所增加的 $u_{DS}$ 几乎全部降在耗尽层两端，而加在沟道两端的电压几乎不变，从而使漏极电流 $i_D$ 基本不随 $u_{DS}$ 而变。在输出特性曲线上，即为恒流区。场效应晶体管作为放大器使用时，一般工作在此区域内。

**击穿区**：当 $u_{DS}$ 增加到某一临界值时，$i_D$ 开始迅速增大，曲线上翘，场效应晶体管不工作，甚至烧毁，场效应晶体管工作时要避免进入此区间。

衡量场效应晶体管控制能力的重要参数是跨导，即 $g_m = \dfrac{\partial i_{DS}}{\partial u_{GS}}\bigg|u_{DS}$，它反映了栅源电压 $u_{GS}$ 对 $i_D$ 的控制作用。

（5）共源极分压式偏置电路

场效应晶体管具有输入电阻高、噪声低等优点，常用于多级放大电路的输入级以及要求噪声低的放大电路。

场效应晶体管的源极、漏极及栅极相当于双极型晶体管的发射极、集电极及基极。场效应晶体管的共源极放大电路和源极输出器与双极型晶体管的共射极放大电路和射极跟随器在结构上也相类似。

图 8-11 是共源极分压式偏置放大电路，其分析方法包括静态分析和动态分析，动态分析类似于双极型晶体管共射极分压式偏置放大电路，静态分析过程不同，本质区别在于 $I_G = 0$。

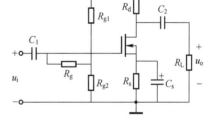

图 8-11　共源极分压式偏置放大电路

**4. 实验仪器及设备**

1）实验箱及相关电路板。

2）双踪示波器。

3）信号发生器。

4）交流毫伏表。

5）数字万用表。

**5. 注意事项**

本实验中实验步骤和方法类似于共射极晶体管放大电路，不同点在于输入电阻的测量方法，这也是本次实验的重点，应引起特别注意。

**6. 实验内容及步骤**

（1）静态及动态研究

1）按图 8-12 所示电路接线。

2）将信号发生器的输出信号调到频率为 1 kHz、峰峰值为 300 mV 的正弦信号，接至放

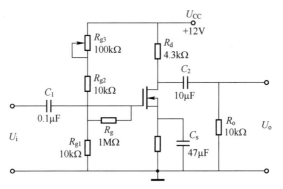

图 8-12　场效应晶体管放大电路实验电路图

大电路的输入端 $U_i$，将输入和输出接到示波器的两个通道上，观察 $U_i$ 和 $U_o$，并比较相位，信号输入和输出的波形保存在优盘中。

3）调整静态工作点，在输出信号不失真的情况下测量静态工作点，记录在表 8-9 中。

表 8-9　场效应晶体管放大电路静态工作点测量数据

| 实测值 | | | | 计算值 |
| --- | --- | --- | --- | --- |
| $U_G/V$ | $U_S/V$ | $U_D/V$ | $U_{DS}/V$ | $I_D/mA$ |
| | | | | |

（2）电压放大倍数的测量

保持上一步骤中输入信号大小不变，在改变 $R_L$ 数值情况下测量，并将结果填入表 8-10 中。

表 8-10　场效应晶体管放大电路电压放大倍数

| 给定参数 | 测量值 | | 计算值测量数据 |
| --- | --- | --- | --- |
| $R_L/k\Omega$ | $U_i/mV$ | $U_L/V$ | $A_u = U_L/U_i$ |
| 10 | | | |
| 5 | | | |

（3）输入电阻的测量

由于场效应晶体管的输入电阻很大，**不能用共射极放大电路中输入电阻的测量方法，否则会带来很大的误差**。对于这种输入阻抗很大的电阻，通常采用输出换算法来测量放大电路的输入电阻。

注：理想情况下，通常认为电压表的内阻趋近无穷大，也可以采用共射极放大电路输入电阻的测量方法，但实际情况并非如此。由于场效应晶体管的输入电阻很大，如直接测量 $U_S$ 和 $U_i$，由于测量仪器的内阻有限，必然带来较大的误差。为了减小误差，一般不采取并联测量大电阻两端电压的方法。

如图 8-13 所示，将场效应晶体管放大电路等效为虚线内二端口网络，在输入端加上前置电阻 $R = 1M\Omega$（为减小误差，一般加上一个阻值较大的前置

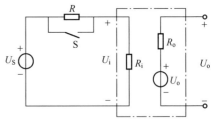

图 8-13　场效应晶体管放大电路
输入电阻的测量

电阻），信号源大小保持不变，加到前置电阻之前作为输入信号$U_S$。那么，则有

当开关 S 闭合时，前置电阻被短路（相当于不接前置电阻），此时，$U_S = U_i$，测得放大电路的输出电压为$U_{L1}$。

当开关 S 断开时，相当于接入前置电阻，此时测得放大电路的输出电压为$U_{L2}$。

由于静态工作点未做调整，场效应晶体管放大电路的放大倍数不变，因此有

$$U_{L1} = |A_u| U_i = |A_u| U_S$$

$$U_{L2} = |A_u| U_i = |A_u| U_S \frac{R_i}{R + R_i} = U_{L1} \frac{R_i}{R + R_i}$$

因此，可得$R_i = \dfrac{U_{L2}}{U_{L1} - U_{L2}} R$。

（4）输出电阻的测量

输出电阻指的是从输出端看进去的整个放大电路的等效电阻。同样利用等效电路法测量，如图 8-14 所示。

与共射极放大电路的不同在于，由于实验电路板中无法测量空载电压，故改变负载电阻$R_L$大小，分别测量负载在 $10\,\text{k}\Omega$ 和 $5\,\text{k}\Omega$ 时的输出电压，即可计算出$R_o$，其公式请自行推导。

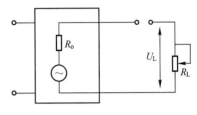

图 8-14　场效应晶体管放大电路
输出电阻的测量

**7. 思考题**

1）分别计算$A_u$、$R_i$、$R_o$的理论值（设$g_m = 1\,\text{mA/V}$），并与实验值进行比较。

2）测放大电路的输入电阻时为什么要采用输出换算法？对今后的实验有什么启示？

3）比较两次实验中共源极场效应晶体管放大电路与共射极晶体管放大电路在电路结构上有何相似之处，并说明前者的输入电阻为什么较高？

4）场效应晶体管放大电路输入端的电容为什么可以取得小一些？如本次实验中输入端$C_1 = 0.1\,\mu\text{F}$。

5）在测量场效应晶体管静态工作电压$U_{GS}$时，能否用万用表直流电压档直接并联在 G、S 两端测量，为什么？

**8. 实验报告要求**

1）整理实验数据，分析实验结果。

2）打印保存在优盘中的波形图。

3）回答思考题。

4）写出实验心得体会。

# 8.4　两级交流放大电路

**1. 预习要求**

1）复习多级放大电路内容及频率响应特性测量方法。

2）熟悉两级交流放大电路基本构成及原理，初步估计测试内容的变化范围。

**2. 实验目的**

1）掌握如何合理设置静态工作点。

2）学会放大电路频率特性测试方法。

3）了解放大电路的失真及消除方法。

**3. 实验原理**

两级交流放大电路如图 8-15 所示。

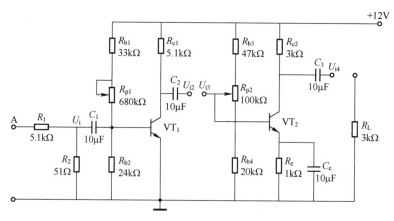

图 8-15 两级交流放大电路

（1）多级放大电路的耦合方式

多级放大电路的级间耦合方式主要有直接耦合、阻容耦合和变压器耦合。对于耦合电路的要求：静态时保证各级有合适的静态工作点，动态时传送信号减少电压降损失，波形不失真。

**直接耦合：**一个放大电路的输出端直接与另一个放大电路的输入端相连，此时可以放大交、直流信号。常用于集成运算放大器内部。

优点：由于不采用电容，所以具有良好的低频特性。

缺点：存在"零点漂移"，且会被逐级放大。

**阻容耦合：**将放大电路的前级输出端通过电容接到后级输入端，称为阻容耦合放大电路。

优点：每级静态工作点相互独立，互不影响。

缺点：不能放大变化缓慢的信号和直流信号，低频特性差，不便于集成化。

**变压器耦合：**将前级的输出端通过变压器接到后级的输入端或负载电阻上。

优点：每级静态工作点相互独立，互不影响，可使负载获得最大功率。

缺点：不能放大变化缓慢的信号和直流信号，低频特性差，不便于集成化。

（2）多级放大电路的分析

多级放大电路的分析方法与单级放大电路类同，包括静态分析和动态分析。阻容耦合式的多级放大电路是多级放大器中常见的一种，其特点是它们的各级直流工作点相互独立，可分级进行调整；它只能放大交流信号不能放大直流信号。由于各级大多采用工作点稳定电路，使得整个放大器的性能比较稳定。

在阻容耦合多级放大器中，由于输出级的输出电压和输出电流都比较大，因而输出级的静态工作一般都设置在交流负载线的中点，这样能获得最大动态范围或最大不失真输出电压幅值。

对于多级阻容耦合放大电路，各级静态工作点相互独立，可分别估算，此时，前一级的输出电压是后一级的输入电压，后一级的输入电阻是前一级的交流负载电阻，总电压放大倍数为各级放大倍数的乘积，总输入电阻即为第一级的输入电阻，总输出电阻即为最后一级的输出电阻。

（3）放大电路的频率响应

由于放大电路中存在电抗性元件及晶体管极间电容，所以电路的放大倍数为频率的函数，这种关系称为频率响应或频率特性。

$$\dot{A}_\mathrm{u} = \frac{U_\mathrm{o}(\mathrm{j}\omega)}{U_\mathrm{i}(\mathrm{j}\omega)}$$

$$\dot{A}_\mathrm{u} = A_\mathrm{u}(\mathrm{j}\omega) \angle \varphi(\mathrm{j}\omega)$$

$A_\mathrm{u}(\mathrm{j}\omega)$ 表示电压放大倍数的模与频率的关系，称为**幅频相应**。

$\varphi(\mathrm{j}\omega)$ 表示放大电路输出电压与输入电压之间的相位差与频率的关系，称为**相频响应**。

图 8-16 为阻容耦合放大电路的幅频特性图，在中频区内，各种电容的影响均可以忽略不计，电压放大倍数 $A_\mathrm{u}$ 基本上不随信号频率而变化，保持常数；而在低频区和高频区，受放大电路的耦合电容、旁路电容和极间电容的影响，电压放大倍数 $A_\mathrm{u}$ 会下降。因此通频带定义如下：

$$f_\mathrm{BW} = f_\mathrm{H} - f_\mathrm{L}$$

**放大器的通频带表明放大电路对不同频率信号的适应能力。** 放大器的通频带越宽，表明对信号频率的适应能力越强。

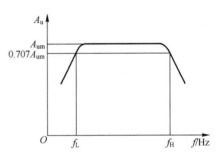

图 8-16　阻容耦合放大电路的幅频特性

**4. 实验仪器及设备**

1）实验箱及相关电路板。

2）双踪示波器。

3）信号发生器。

4）交流毫伏表。

5）数字万用表。

**5. 注意事项**

本实验中第一级输入信号是一个小信号，由信号源衰减得到，实验过程中易出现寄生振荡，请按实验步骤中的提示进行。

**6. 实验内容及步骤**

1）设置静态工作点。

① 按图 8-15 接线，注意接线尽可能短。

② 静态工作点设置：要求第二级在输出波形不失真的前提下幅值尽量大，第一级为增加信噪比，工作点尽可能低。

③ 在输入 A 端接入频率为 1 kHz、峰峰值为 200 mV 的交流信号（一般采用实验箱上加

衰减的办法，即信号源用一个较大的信号。例如，$200\,mV$ 的信号在实验板上经 $100:1$ 衰减电阻衰减，降为 $2\,mV$），使 $U_i$ 为 $2\,mV$，调整工作点使输出信号不失真。

注：如发现有寄生振荡，可采用以下措施消除：

① 重新布线，尽可能走短线。

② 可在晶体管 b、e 两极间加几皮法到几百皮法的电容。

③ 信号源与放大电路用屏蔽线连接。

2）按表 8-11 要求测量并计算。

表 8-11　两级交流放大电路静态工作点测量数据

| 负载类型 | 静态工作点 | | | | | | 输入/输出电压/mV | | | 电压放大倍数 | | |
|---|---|---|---|---|---|---|---|---|---|---|---|---|
| | 第一级 | | | 第二级 | | | | | | 第一级 | 第二级 | 整体 |
| | $U_{C1}$ | $U_{b1}$ | $U_{e1}$ | $U_{C2}$ | $U_{b2}$ | $U_{e2}$ | $U_i$ | $U_{o1}$ | $U_{o2}$ | $A_{u1}$ | $A_{u2}$ | $A_u$ |
| 空载 | | | | | | | | | | | | |
| 负载 | | | | | | | | | | | | |

3）接入负载电阻 $R_L = 3\,k\Omega$，按表 8-11 测量并计算，比较实验内容 2）、3）的结果。

4）测两级放大电路的频率特性。

① 将放大器负载断开，先将输入信号频率调到 $1\,kHz$，大小调至输出信号幅度最大而不失真。

② 保持输入信号幅度不变，改变信号频率，分别增大和减小，按表 8-12 测量并记录。

表 8-12　两级交流放大电路频率特性测量数据

| | $f/Hz$ | 50 | 100 | 150 | 200 | 250 | 500 | 1000 |
|---|---|---|---|---|---|---|---|---|
| $U_o$ | $R_L = \infty$ | | | | | | | |

| | $f/kHz$ | 5 | 10 | 20 | 50 | 100 | 120 | 150 |
|---|---|---|---|---|---|---|---|---|
| $U_o$ | $R_L = \infty$ | | | | | | | |

由表 8-12 数据画出电路的频率特性曲线，并标出通频带。

注：通频带测试时只需测出上限截止频率和下限截止频率，截止频率指的是当放大倍数降为中频区放大倍数的 $0.707$ 倍时所对应的信号频率上限和下限。

**7. 思考题**

1）阻容耦合放大电路中使用电容作为级间耦合有何优缺点？

2）两级放大器中各级电路对直流工作点设置有什么要求？为什么？

3）放大器的频率特性有何意义？如何测试？

4）增加放大电路频率范围的方法有哪些？

5）实验测试结果与理论分析结果的误差产生原因主要有哪些？

**8. 实验报告要求**

1）整理实验数据，分析实验结果。

2）画出实验电路的频率特性简图，标出 $f_H$、$f_L$。

3）回答思考题。

4）写出实验心得体会。

# 8.5 负反馈放大电路

**1. 预习要求**

1）复习电压串联负反馈电路的工作原理及其对基本放大电路性能的影响。

2）复习基本放大电路及负反馈电路放大倍数的估算方法。

3）认真阅读本书前面章节中有关放大电路性能参数的测量方法。

4）写出预习报告，准备好实验数据记录表格。

**2. 实验目的**

1）研究负反馈对放大电路性能的影响。

2）掌握负反馈放大电路性能的测试方法。

**3. 实验原理**

（1）放大电路的反馈

放大电路中的反馈，是指将放大电路输出信号（输出电压或输出电流）的一部分或全部，通过一定的方式，反送回输入回路中，经常采用反馈的方法来改善电路的性能，以达到预定的指标。

反馈方式根据采样信号可分为电压反馈和电流反馈；根据信号叠加方式可分为串联反馈和并联反馈；根据反馈信号的性质可分为正反馈和负反馈；根据采样信号性质可分为直流反馈和交流反馈。

1）正、负反馈：若反馈使放大电路的净输入信号增大，则称其为正反馈；若反馈使放大电路的净输入信号减小，则称其为负反馈。负反馈可稳定静态工作点。

判断方法：瞬时极性法

2）直流、交流负反馈：反馈量只有直流量称为直流负反馈，可稳定静态工作点；反馈量只含有交流量的称为交流负反馈，用以改善放大电路的动态性能。

3）负反馈放大电路的四种基本组态判定：反馈电路直接从输出端引出的，是电压反馈；从负载电阻靠近"地"端引出的，是电流反馈（也可将输出端短路，若反馈量为零，则为电压反馈；若反馈量不为零，则为电流反馈）。输入信号和反馈信号分别加在两个输入端的，是串联反馈；加在同一输入端的是并联反馈（或者将输入端短路，若反馈量为零，则为并联反馈；若反馈量不为零，则为串联反馈）。其框图如图 8-17 所示。

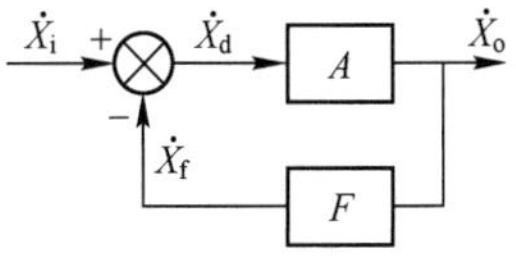

图 8-17 负反馈放大电路的框图

闭环放大倍数：$A_f = \dfrac{X_o}{X_i} = \dfrac{A}{1+AF}$。其中，反馈系数 $F = \dfrac{X_f}{X_o}$。

当处于深度负反馈时，有 $A_f = \dfrac{A}{1+AF} \approx \dfrac{A}{AF} = \dfrac{1}{F}$。

（2）负反馈对放大电路性能的影响

负反馈对放大倍数和通频带的影响如图 8-18 所示。具体表现如下：

1）降低电压放大倍数。

2）提高放大电路的稳定性。放大倍数下降至 $1/(1+|AF|)$ 倍，其稳定性提高 $1+|AF|$ 倍。

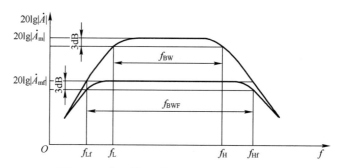

图 8-18 负反馈对放大倍数和通频带的影响

3）展宽通频带，$f_{BWF} = (1 + |AF|)f_{BW}$。

4）减小非线性失真。负反馈是利用失真的波形来改善波形的失真，因此只能减小失真，而不能完全消除失真。

5）减小反馈环内的噪声和干扰。

6）改变输入、输出电阻。不同类型的负反馈，对输入电阻、输出电阻的影响不同，负反馈对输入电阻和输出电阻的影响程度，与反馈深度有关。

串联负反馈增大输入电阻，并联负反馈减小输入电阻。

电压负反馈减小输出电阻，电流负反馈增大输出电阻。

**4. 实验仪器及设备**

1）实验箱及相关电路板。

2）双踪示波器。

3）信号发生器。

4）交流毫伏表。

5）数字万用表。

**5. 实验内容及步骤**

（1）负反馈放大电路开环和闭环放大倍数的测试

1）开环电路。

① 按图 8-19 接线，$R_f$ 先不接入。

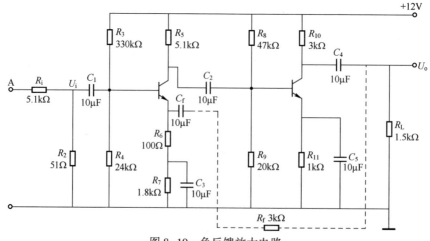

图 8-19 负反馈放大电路

② A 端接入大小为 $200\,\text{mV}_\text{PP}$，$f = 30\,\text{kHz}$ 的正弦波（注意：**输入信号采用衰减法，此时** $U_\text{i} = 2\,\text{mV}_\text{PP}$）。调整接线和参数使输出不失真且无振荡，将信号源和输出信号分别接到示波器的两个通道，应观察到两个不失真的同相波形。

③ 按表 8-13 要求进行测量并填表。

④ 根据实测值计算开环放大倍数和输出电阻$R_\text{o}$。

表 8-13　负反馈放大电路开环和闭环放大倍数测量数据

| 有无反馈 | $R_\text{L}$ | $U_\text{i}/\text{mV}$ | $U_\text{o}/\text{mV}$ | $A_u(A_\text{uf})$ | $R_\text{o}/\text{k}\Omega$ |
|---|---|---|---|---|---|
| 开环 | 无穷 | | | | |
| | $1.5\,\text{k}\Omega$ | | | | |
| 闭环 | 无穷 | | | | |
| | $1.5\,\text{k}\Omega$ | | | | |

2）闭环电路。

① 接通$R_\text{f}$和$C_\text{f}$，按上一步的要求调整电路。

② 按表 8-13 要求测量并填表，计算$A_\text{uf}$。

③ 根据实测结果，验证$A_\text{uf} = \dfrac{A_u}{1 + A_u F}$。（什么时候满足$A_\text{uf} \approx \dfrac{1}{F}$？）

（2）负反馈对失真的改善作用

1）将图 8-19 电路开环，A 端接入 $U_\text{i} = 5\,\text{V}_\text{PP}$，$f = 1\,\text{kHz}$ 的正弦波信号，记录失真波形。

2）将电路闭环，观察并记录输出波形情况，比较反馈前后波形失真差别。

3）若$R_\text{f} = 3\,\text{k}\Omega$ 不变，但$R_\text{F}$接入第一级晶体管的基极，会出现什么情况？并用实验验证。

4）保存上述各步实验的波形图。

（3）测放大电路频率特性

1）将图 8-19 电路先开环，A 端接入 $U_\text{i} = 200\,\text{mV}_\text{PP}$，$f = 30\,\text{kHz}$ 的正弦波，记录此时输出信号幅值。

2）保持输入信号幅度不变逐步增加频率，直到输出信号幅值减小为原来的 0.707 倍，此时信号频率即为放大电路的$f_\text{H}$。

3）条件同上，但逐渐减小频率，测得$f_\text{L}$。

4）将电路闭环，重复步骤 1）~3），并将结果填入表 8-14 中。

表 8-14　负反馈放大电路频率特性测量数据

| 有无反馈 | $f_\text{H}/\text{Hz}$ | $f_\text{L}/\text{Hz}$ |
|---|---|---|
| 开环 | | |
| 闭环 | | |

注：此电路通频带下限截止频率约为 $800\,\text{Hz}$，通常设置的 1kHz 信号接近下限频率，远离通频带中央，为减小误差，输出信号频率设置为 30kHz。

**6. 思考题**

1）本实验的两级放大电路中，可以引入哪些组态的交流负反馈？说明理由。

2）如输入信号失真，能否用负反馈来改善？

153

3）总结实验中引入的负反馈对放大电路性能的影响。

**7. 实验报告要求**

1）整理实验数据，绘制频率特性曲线。

2）根据实验电路图计算反馈前后放大倍数、输出电阻的理论值，并与测量值进行比较，分析误差可能出现的原因。

3）回答思考题。

4）写出实验心得体会。

# 第9章 集成运算放大器电路

## 9.1 差动放大电路

**1. 预习要求**

1）复习差动放大电路的基本理论。

2）在虚拟仿真实验平台上完成实验前预习及仿真内容。

3）写出预习报告，准备好实验数据记录表格。

**2. 实验目的**

1）熟悉差动放大电路的工作原理，了解产生零漂的原因及抑制零漂的方法。

2）掌握差动放大电路的基本测量方法。

**3. 实验原理**

差动放大电路是一种特殊的直接耦合放大电路，可放大交流信号和直流信号，它利用电路的对称性来抑制零点漂移，要求电路两边的元器件完全对称，即两管型号相同、特性相同、各对应电阻值相等。典型的长尾式差动放大电路如图9-1所示。

在理想对称的情况下，$VT_1$ 和 $VT_2$ 的特性和参数完全相同，电阻参数也相同。此时，当温度变化时，两管变化相等，输出电压为

$$u_o = (u_{c1} + \Delta u_{c1}) - (u_{c2} + \Delta u_{c2}) = 0$$

（1）抑制共模信号

对于共模信号，即大小相等，极性相同的信号，$u_{i1} = u_{i2} = u_{ic}$，也有

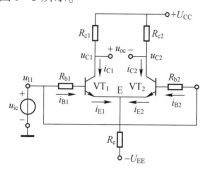

图9-1 长尾式差动放大电路

$$u_{oc} = (u_{CQ1} + \Delta u_{c1}) - (u_{CQ2} + \Delta u_{c2}) = 0$$

即差动放大电路对共模信号没有放大能力。

电阻$R_e$是负反馈电阻，起到抑制温度漂移和共模信号的作用，$R_e$越大，抑制作用越明显，但$R_e$过大会影响到$I_C$，影响静态工作点和放大倍数，因此，在$R_e$下方接入负电压$-U_{EE}$来作为电位补偿。

（2）放大差模信号

对于差模信号，即大小相等、极性相反的信号，$u_{i1} = -u_{i2} = u_{id}/2$，此时两管电流一增一减，流经$R_e$的电流近似不变，不起负反馈作用，所以$R_e$不影响差模信号放大效果。

（3）差分电路的四种接法

对于差模电压放大倍数而言，与单端输入还是双端输入无关，只与输出方式有关。

双端输出时，$A_{ud} = -\dfrac{\beta R_{c1}}{R_{b1}+r_{be}}$；

单端输出时，$A_{ud} = \pm\dfrac{\beta R_{c1}}{2\left(R_{b1}+r_{be}\right)}$。

对于共模电压放大倍数而言，与单端输入还是双端输入无关，只与输出方式有关。

双端输出时，$A_{uc}=0$；

单端输出时，$A_{uc} \approx -\dfrac{R_c}{2R_e}$。

共模抑制比：$K_{CMR} = \left|\dfrac{A_{ud}}{A_{uc}}\right|$，双端输出时可认为其是无穷大。

（4）具有恒流源形式的差动放大电路

在长尾式放大电路中，$R_e$越大，每一边的漂移越小，共模负反馈越强，单端输出时的$A_c$越小，$K_{CMR}$越大，差分放大电路的性能越好。

但为了使静态电流不变，$R_e$越大，$U_{EE}$越大，以至于$R_e$太大就不合理了。需在低电压条件下，设置合适的$I_{EQ}$，并得到趋于无穷大的$R_e$。

为了既能采用较低电压的直流电源，又能有较大的等效电阻$R_e$，可采用恒流源电路来取代$R_e$，如图9-2所示。

$VT_3$工作在恒流区，$I_{C3} \approx \beta I_{B3}$，只要$I_{B3}$恒流，$I_{C3}$也是一个恒流源，$I_2 \gg I_{B3}$，则有

$$I_{C3} \approx I_{E3} \approx \dfrac{\dfrac{R_1}{R_1+R_2}U_{EE}-U_{BEQ}}{R_3}$$

可见，$I_{C3}$为恒流源电路，其等效内阻为无穷大，抑制共模效果更好。

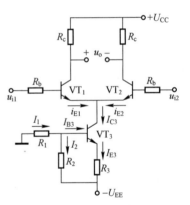

图9-2 恒流源式差动放大电路

**4. 实验仪器及设备**

1）实验箱及相关电路板。

2）双踪示波器。

3）信号发生器。

4）交流毫伏表。

5）万用表。

**5. 注意事项**

1）本次实验连线较为复杂，请提前做好预习，避免混淆。换接电路时，必须断开电源，严禁带电操作。

2）实验性能指标的测试要在输出电压波形不失真和没有明显干扰的情况下进行。

3）输出与输入之间相位关系要明确。

**6. 实验内容及步骤**

1）测量静态工作点。

① 调零。按照图9-3连接线路，只连接直流±12 V和地，不接交流输入信号。将左、右输入端短路并接地，接通直流电源，调节电位器$R_{p1}$，使双端输出电压$u_o=0$。

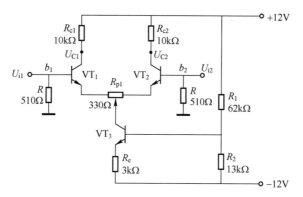

图 9-3　差动放大电路实验电路图

注：$R_{p1}$ 为调零电路，考虑到元件的差异性，两边不可能完全对称，所以调节 $R_{p1}$，使得输出 $u_o = U_{C1} - U_{C2} = 0$。

② 测量静态工作点。测量 $VT_1$、$VT_2$、$VT_3$ 各极对地电压，填入表 9-1 中。

表 9-1　差动放大电路静态工作点测量数据

| 对地电压 | $U_{C1}$ | $U_{C2}$ | $U_{C3}$ | $U_{B1}$ | $U_{B2}$ | $U_{B3}$ | $U_{E1}$ | $U_{E2}$ | $U_{E3}$ |
|---|---|---|---|---|---|---|---|---|---|
| 测量值/V | | | | | | | | | |

2）测量差模电压放大倍数。将 $b_2$ 接地，在 $b_1$ 输入端加入 $f = 1\,kHz$、大小为 $100\,mV_{PP}$ 的信号，按表 9-2 要求测量并记录，由测量数据算出单端和双端输出的电压放大倍数。

注：由于实验中信号源条件所限，两路差模输入信号无法得到，故用单端输入来等效代替。此时，$U_{i1} = U_i = \dfrac{U_i}{2} + \dfrac{U_i}{2}$，$U_{i2} = 0 = \dfrac{U_i}{2} - \dfrac{U_i}{2}$，可视为两端同时输入大小为 $\dfrac{U_i}{2}$ 的共模信号和差模信号，由于共模信号被抑制，所以输出等效为双端差模输入效果。

3）测量共模电压放大倍数。将输入端 $b_1$、$b_2$ 短接，接到信号源的输入端，信号源另一端接地，大小仍为 $f = 1\,kHz$、$100\,mV_{PP}$ 的信号，分别测量并填入表 9-2 中。由测量数据算出单端和双端输出的电压放大倍数。进一步算出共模抑制比 $K_{CMR} = \left| \dfrac{A_d}{A_c} \right|$。

注：差模输入时，双端输出 $U_{C1}$ 和 $U_{C2}$ 在相位上是反向关系；共模输入时，双端输出 $U_{C1}$ 和 $U_{C2}$ 在相位上是同向关系，故计算时注意两者的加、减关系。

表 9-2　差模和共模电压放大倍数测量数据

| 测量及计算值<br>输入信号 $U_i$ | 差模输入 | | | | | | 共模输入 | | | | | | 共模抑制比 |
|---|---|---|---|---|---|---|---|---|---|---|---|---|---|
| | 测量值/V | | | 计算值 | | | 测量值/V | | | 计算值 | | | 计算值 |
| | $U_{C1}$ | $U_{C2}$ | $U_{o双}$ | $A_{d1}$ | $A_{d2}$ | $A_{d双}$ | $U_{C1}$ | $U_{C2}$ | $U_{o双}$ | $A_{c1}$ | $A_{c2}$ | $A_{c双}$ | $K_{CMR}$ |
| | | | | | | | | | | | | | |

4）在实验板上组成长尾式的差动放大电路，输入信号不变，按照步骤 2）、3）重复进行，结果填入表 9-3 中。与恒流源式差动放大电路进行比较。（**此步骤可选做**）

注：用示波器监测输出两端波形，若有失真现象时，可减小输入电压值，使 $U_{C1}$、$U_{C2}$ 都不失真为止。

表 9-3　长尾式差动放大电路电压放大倍数测量数据

| 测量及计算值<br>输入信号 $U_i$ | 差模输入 | | | | | | 共模输入 | | | | | | 共模抑制比 |
|---|---|---|---|---|---|---|---|---|---|---|---|---|---|
| | 测量值/V | | | 计算值 | | | 测量值/V | | | 计算值 | | | 计算值 |
| | $U_{C1}$ | $U_{C2}$ | $U_{o双}$ | $A_{d1}$ | $A_{d2}$ | $A_{d双}$ | $U_{C1}$ | $U_{C2}$ | $U_{o双}$ | $A_{c1}$ | $A_{c2}$ | $A_{c双}$ | $K_{CMR}$ |
| | | | | | | | | | | | | | |

**7. 思考题**

1）总结电阻 $R_e$ 和恒流源的作用。

2）电路中 $VT_1$、$VT_2$ 两个晶体管及元件参数的对称性对放大电路的性能起什么作用？

3）差模放大电路两管基极的输入信号幅值相等、相位相同时，理论上输出电压应该是多少？

4）总结长尾式和恒流源式差动放大电路的特点。

**8. 实验报告要求**

1）整理实验数据，填入相应表格中。

2）估算电路的静态工作点及差模电压放大倍数，并与实验结果进行比较，分析产生误差的原因。

3）回答思考题。

4）写出实验心得体会。

# 9.2　集成运算放大器的参数测定

**1. 预习要求**

1）复习集成运算放大器的相关理论。

2）在虚拟仿真实验平台上完成实验前预习及仿真内容。

**2. 实验目的**

1）了解集成运算放大器的主要参数定义。

2）通过实验，掌握集成运算放大器主要参数的测试方法。

**3. 实验原理**

（1）集成运算放大器的主要性能指标

集成运算放大器的主要性能指标一般分为三类：直流指标、小信号指标及大信号指标，包括输入失调电压、输入失调电流、开环差模电压放大倍数、共模抑制比及带宽等。

（2）输入失调电压 $U_{io}$

一个理想的集成运算放大器，在静态条件下输入信号为 0 时，其输出电压理论上应为 0。但由于输入端电路参数的不对称性，其输出电压不为 0，此时可将输出电压看作一个输入端的直流补偿电压经放大后得到，这个直流补偿电压称为输入失调电压，用 $U_{io}$ 表示。

输入失调电压反映了集成运算放大器输入级差动电路差分管 $U_{be}$ 的不对称程度，$U_{io}$ 越小，表明输入差动电路参数的对称性越好。

（3）输入失调电流 $I_{io}$

一个理想的集成运算放大器，在静态条件下输入信号为 0 时，输入差动电路的基极存在偏置电流，为了反映输入级差动放大电路偏置电流的不对称程度，引入了输入失调电流：$I_{io} = |I_{B1} - I_{B2}|$。

输入失调电流反映了集成运算放大器输入级差动电路差分管 $\beta$ 的不对称程度。$I_{io}$ 越小，表明输入差动电路参数的对称性越好。

（4）增益–带宽积

集成运算放大器的带宽是表示放大器能够处理交流小信号的能力，简单来说，就是用来衡量一个放大器能处理的信号的频率范围，带宽越高，能处理的信号频率越高，高频特性就越好，否则信号就容易失真。

一般情况下，利用幅频响应的高、低两个半功率点间的频率差定义放大电路的带宽或通频带，即 $BW = f_H - f_L$。式中，$f_H$ 是频率响应的高端半功率点，也称为上限频率，而 $f_L$ 则称为下限频率。通常有 $f_L \ll f_H$，故有 $BW \approx f_H$。

集成运算放大器的增益是随信号的频率而变化的，即输入信号的频率增大，其增益将逐渐减少，然而，其增益与带宽的乘积是常数，即

$$A_u \times BW = GB$$

当集成运算放大器闭环增益为 1 倍时，放大器的带宽称为单位增益带宽。

（5）共模抑制比

理想运算放大器的输入级是完全对称的，其共模电压放大倍数为零，所以当只输入共模信号时，理想集成运算放大器的输出信号为零。但在实际的集成运算放大器中，因为电路结构不可能完全对称，所以其共模电压放大倍数不可能为零，当输入信号中含有共模信号时，其输出信号中必然含有共模信号的成分。

输出端共模信号越小，说明电路对称性越好，也就是说，集成运算放大器对共模干扰信号的抑制能力越强。人们用共模抑制比 $K_{CMR}$ 来衡量集成运算放大器对共模信号的抑制能力。$K_{CMR}$ 越大，对共模信号的抑制能力越强，抗共模干扰的能力越强。

集成运算放大器差模电压放大倍数与共模电压放大倍数之比的绝对值，称为共模抑制比，表达式如下：

$$K_{CMR} = \left| \frac{A_{ud}}{A_{uc}} \right|$$

**4. 实验仪器及设备**

1）实验箱及相关电路板。

2）信号发生器。

3）万用表。

4）交流毫伏表。

**5. 注意事项**

1）本次实验是集成运算放大器相关实验，**连线时注意运算放大器芯片的直流偏置电压正负极，一定不要接反**，防止连接错误烧坏芯片。

2）连线时不要带电操作，检查无误之后再加电。

3）实验之前请确认运算放大器工作良好（可用简单的反相比例电路检查）。

**6. 实验内容及步骤**

（1）输入失调电压的测量

输入失调电压很小，不易准确测量，但其放大后的输出电压较大，因此常用测量计算法。

按照图 9-4 连接电路，此时集成运算放大器的输入端结构对称。用万用表测得输出直流电压值 $U_o$，根据输入失调电压的定义，$U_o$ 可视为在同相输入端加上偏置电压 $U_{io}$ 经过一个同相比例器放大得到的，即

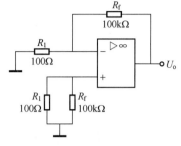

$$U_o = U_{io}\left(1 + \frac{R_f}{R_1}\right)$$

所以，有 $U_{io} = U_o \dfrac{R_1}{R_1 + R_f}$。

图 9-4　测量输入失调电压

实际测出的 $U_o$ 可能为正，也可能为负，高质量的运算放大器 $U_{io}$ 一般在 1 mV 以下。

（2）输入失调电流的测量

按照图 9-5 连接电路，当开关 S 闭合时，电路图 9-5 结构上同电路图 9-4，此时测得的直流输出电压为 $U_{o1}$（即上一步骤中的 $U_o$）。

断开两个开关 S，测得的直流输出电压为 $U_{o2}$。此时输入端接入两个电阻 $R_b$，由于 $R_b$ 的阻值较大，流经它们的电流差异将变为输入电压的差异，进而影响到输出电压。因此，测出两个电阻 $R_b$ 接入时的输出电压 $U_{o2}$，从中扣除输入失调电压的影响（即 $U_{o1}$），有

$$I_{io} = \left| U_{o1} - U_{o2} \right| \frac{R_1}{R_1 + R_f} \frac{1}{R_b}$$

$I_{io}$ 的数量级很小，一般在 100 nA 以下。

（3）增益-带宽积的测试

按图 9-6 连接电路，此电路实际上是一个反相比例电路。其增益（即放大倍数）为 $A_u = -\dfrac{R_f}{R_1}$。由于 $BW \approx f_H$，因此在测量运算放大器带宽时，只需要测量上限频率 $f_H$ 即可。

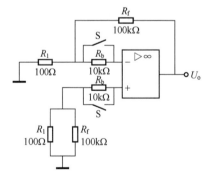

图 9-5　测量输入失调电流

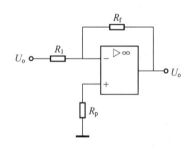

图 9-6　增益-带宽积测试

设置输入信号 $U_i$ 为 100 mV$_{PP}$、频率为 100 Hz 的正弦信号，测量此时运算放大器的输出信号 $U_o$ 大小。保持输入信号的幅值不变，逐渐增大输入信号的频率，当 $U_o$ 变为原来的 0.707 倍时，所对应的输入信号频率即为 $f_H$，此时运算放大器的带宽 $BW \approx f_H$。

改变 $R_f$ 和 $R_p$ 的大小（$R_p$ 作为平衡电阻，$R_p \approx R_1 // R_f$），分别测量运算放大器的带宽，记

录在表9-4中。

表9-4 运算放大器带宽测量数据

| $R_1/\text{k}\Omega$ | $R_f/\text{k}\Omega$ | $R_p/\text{k}\Omega$ | $A_u$ | $BW$ | $A_u \times BW$ |
|---|---|---|---|---|---|
| 10 | 10 | 5.1 | −1 | | |
| 10 | 100 | 9.1 | −10 | | |
| 10 | 510 | 10 | −51 | | |

（4）共模抑制比的测量

理想集成运算放大器对共模信号的抑制很好，实际的集成运算放大器电路中，输出的共模信号越小，说明放大器内部差动电路的对称性越好，共模抑制比越大。

按图9-7连接线路，$U_{ic}$ 设置为 $100\,\text{mV}_{PP}$、频率为 $100\,\text{Hz}$ 的正弦信号。

此时输入信号同时接入集成运算放大器的同相、反相
输入端，即输入信号 $U_{ic}$ 作为共模信号输入，测量输出信号

$U_{oc}$ 的大小，可计算共模电压放大倍数 $A_{uc} = \dfrac{U_{oc}}{U_{ic}}$。

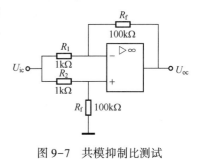

图9-7 共模抑制比测试

此电路的差模电压放大倍数 $A_{ud}$ 如何测量？请自行思考。

集成运算放大器的共模抑制比为

$$K_{CMR} = \left| \frac{A_{ud}}{A_{uc}} \right|$$

**7. 思考题**

1）测量输入失调电压时，输出信号 $U_o$ 的读数是否为一固定值，为什么？

2）将测量值与典型值进行比较，分析误差的原因。

**8. 实验报告要求**

1）整理实验数据，填入相应表格中。

2）回答思考题。

3）写出实验心得体会。

# 9.3 比例求和运算电路

**1. 预习要求**

1）复习比例、求和等基本运算放大器电路相关理论。

2）在虚拟仿真实验平台上完成实验前预习及仿真内容。

3）估算实验中所测数值的理论值。

**2. 实验目的**

1）掌握用集成运算放大器组成比例、求和电路的特点及性能。

2）学会上述电路的测试和分析方法。

**3. 实验原理**

（1）集成运算放大器的特点

集成运算放大器，简称集成运放，是一个高性能的直接耦合多级放大电路。因首先用于

信号的运算，故而得名。

若将集成运放看成为一个"黑盒子"，则可等效为一个双端输入、单端输出的差分放大电路。其电路组成如图9-8所示。

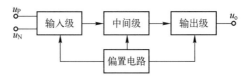

图9-8 集成运放电路的组成

**偏置电路**：为各级放大电路设置合适的静态工作点。采用电流源电路。

**输入级**：前置级，多采用差分放大电路。要求 $R_i$ 大，$A_d$ 大，$A_c$ 小，输入端耐压高。

**中间级**：主放大级，多采用共射极放大电路。要求有足够的放大能力。

**输出级**：功率级，多采用准互补输出级。要求 $R_o$ 小，最大不失真输出电压尽可能大。

（2）理想运算放大器的条件

1）开环电压放大倍数：$A_{uo} \to \infty$。

2）开环输入电阻：$r_{id} \to \infty$。

3）开环输出电阻：$r_o \to 0$。

4）共模抑制比：$K_{CMR} \to \infty$。

当运放工作在线性区时，$u_o = A_{uo}(u_+ - u_-)$，由条件1可得，理想运算放大器的差模输入电压约为0，即 $u_+ = u_-$，称为"虚短"，但必须加负反馈才能使其工作在线性区，**因此"虚短"的适用条件为深度负反馈**。

由条件2可得，理想运算放大器的输入电流约等于0，即 $i_+ = i_- \approx 0$，称为"虚断"。

由于实际运算放大器的技术指标接近理想化条件，用理想运算放大器分析电路可使问题大大简化，为此，在分析运算放大器时都是按其理想化条件进行的。

注意：运算放大器的输出电压是有限定的，一般情况下，其最大输出电压约等于给其加的直流偏置电压。

**4. 实验仪器及设备**

1）实验箱及相关电路板。

2）信号发生器。

3）万用表。

**5. 注意事项**

1）本次实验是集成运放相关实验，**连线时注意运放芯片的直流偏置电压正负极，一定不要接反**，防止连接错误烧坏芯片。

2）连线时不要带电操作，检查无误之后再加电。

**6. 实验内容及步骤**

（1）电压跟随电路

实验电路如图9-9所示。按表9-5内容实验并测量记录。

电路为电压串联负反馈，根据"虚短"有 $U_o = U_- \approx U_+$。

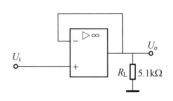

图9-9 电压跟随电路

表 9-5　电压跟随电路测量数据

| | $U_i/V$ | -2 | -0.5 | 0 | 0.5 | 1 |
|---|---|---|---|---|---|---|
| $U_o/V$ | $R_L = \infty$ | | | | | |
| | $R_L = 5.1\,k\Omega$ | | | | | |

（2）反相比例放大电路

实验电路如图 9-10 所示，此时电路为电压并联负反馈。

由"虚短"可知 $U_A = U_B = 0\,V$，$I_i = \dfrac{U_i - U_A}{R_1} = \dfrac{U_i}{R_1}$；

由"虚断"可知 $I_f = I_i = \dfrac{U_i}{R_1}$，$U_o = U_A - I_f R_f = -\dfrac{R_f}{R_1}U_i$。

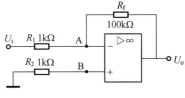

图 9-10　反相比例放大电路

1）按表 9-6 进行测量并记录。

表 9-6　反相比例放大电路测量数据 1

| 直流输入电压 $U_i$/mV | | 30 | 100 | 300 | 1000 | 3000 |
|---|---|---|---|---|---|---|
| 输出电压 $V_o$ | 理论估算值/mV | | | | | |
| | 实际值/mV | | | | | |
| | 误差/mV | | | | | |

2）按表 9-7 进行测量并记录。

表 9-7　反相比例放大电路测量数据 2

| 测量值 | 测试条件 | 理论估算值 | 实测值 |
|---|---|---|---|
| $\Delta U_o$ | $R_L$ 开路，直流输入信号 $U_i$ 由 0 变为 800 mV | | |
| $\Delta U_{AB}$ | | | |
| $\Delta U_{R2}$ | | | |
| $\Delta U_{R1}$ | | | |
| $\Delta U_{oL}$ | $R_L$ 由开路变为 5.1 kΩ，$U_i$ = 800 mV | | |

（3）同相比例放大电路

电路如图 9-11 所示，此时电路为电压串联负反馈。

由"虚断"可知 $i_+ = i_- = 0$，故 $U_B = U_i$；

由"虚短"可知 $U_A = U_B = U_i$，$U_o = \dfrac{U_A}{R_1}(R_1 + R_f) =$

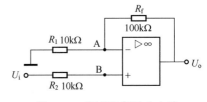

图 9-11　同相比例放大电路

$\left(1 + \dfrac{R_f}{R_1}\right)U_i$。

按表 9-8 和表 9-9 进行测量并记录。

表 9-8　同相比例放大电路测量数据 1

| 直流输入电压 $U_i$/mV | | 30 | 100 | 300 | 1000 | 3000 |
|---|---|---|---|---|---|---|
| 输出电压 $U_o$ | 理论估算/mV | | | | | |
| | 实际值/mV | | | | | |
| | 误差/mV | | | | | |

表 9-9　同相比例放大电路测量数据 2

| 测量值 | 测试条件 | 理论估算值 | 实测值 |
|---|---|---|---|
| $\Delta U_o$ | $R_L$ 开路，直流输入信号 $U_i$ 由 0 变为 800 mV | | |
| $\Delta U_{AB}$ | | | |
| $\Delta U_{R2}$ | | | |
| $\Delta U_{R1}$ | | | |
| $\Delta U_{oL}$ | $R_L$ 由开路变为 5.1 kΩ，$U_i = 800$ mV | | |

（4）反相求和放大电路

实验电路如图 9-12 所示。此时电路为电压并联负反馈。

可知 $U_o = -R_f \left( \dfrac{U_{i1}}{R_1} + \dfrac{U_{i2}}{R_2} \right)$。

按表 9-10 内容进行实验测量，并与理论估算值比较。

表 9-10　反相求和放大电路测量数据

| $U_{i1}/V$ | 0.3 | $-0.3$ |
|---|---|---|
| $U_{i2}/V$ | 0.2 | 0.2 |
| $U_o/V$ | | |

（5）双端输入减法电路

实验电路为图 9-13 所示。电路为电压串并联负反馈，分析方法同上，有

$$U_o = \frac{R_3}{R_2 + R_3} \frac{R_1 + R_f}{R_1} U_{i2} - \frac{R_f}{R_1} U_{i1} = 10 ( U_{i2} - U_{i1} )$$

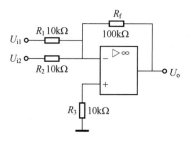
图 9-12　反相求和放大电路

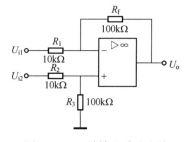
图 9-13　双端输入减法电路

按表 9-11 要求实验并测量记录。

表 9-11　双端输入减法电路测量数据

| $U_{i1}/V$ | 1 | 2 | 0.2 |
|---|---|---|---|
| $U_{i2}/V$ | 0.5 | 1.8 | $-0.2$ |
| $U_o/V$ | | | |

**7. 思考题**

1）总结本次实验中五种运放电路的特点及功能。

2）分析理论计算与实验结果误差的原因。

**8. 实验报告要求**

1）整理实验数据，填入相应表格中。

2）回答思考题。

3）写出实验心得体会。

# 9.4 积分与微分电路

**1. 预习要求**

1）复习积分、微分基本运算电路相关理论。

2）在虚拟仿真实验平台上完成实验前预习及仿真内容。

3）估算实验中所测数值的理论值。

**2. 实验目的**

1）学会用运算放大器组成积分、微分电路。

2）学会积分、微分电路的特点及性能。

**3. 实验原理**

（1）积分运算电路

基本积分电路如图 9-14 所示，输入信号从集成运放的反相端输入，与反相比例电路相比，不同的是用电容 $C_f$ 实现反馈。利用虚短和虚断的概念可知：$u_+ = u_- = 0$，且 $i_R = i_C = \dfrac{u_i}{R_1}$，假设电容 $C_f$ 的初始电压为 0，则有

$$u_- - u_o = -u_o = u_C = \frac{1}{C}\int i_C \mathrm{d}t = \frac{1}{C}\int i_R \mathrm{d}t = \frac{1}{C}\int \frac{u_i}{R_1}\mathrm{d}t$$

所以，$u_o = -\dfrac{1}{RC}\displaystyle\int u_i \mathrm{d}t$。

因此，输出电压与输入电压成积分关系，负号代表相位相反。

如果输入信号为阶跃电压，电容将以恒流方式进行充电，输出电压 $u_o$ 与时间 $t$ 成线性关系。当输出电压向负值方向增大到反向饱和电压时，集成运放进入非线性工作状态，$u_o$ 保持不变，积分作用也就停止了，如图 9-15 所示。

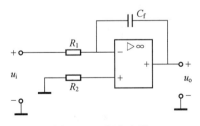

图 9-14　积分电路

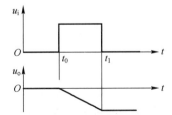

图 9-15　输入阶跃信号时的输入-输出波形

因此，如果输入信号为方波，则输出应为三角波。

另外，要注意的是，上述积分电路的分析结果是在理想情况下得出的。对于实际的积分电路，由于集成运放的参数不理想，实际的电容存在吸附效应和漏电阻的影响，工作时常常

会出现积分误差，严重时会使电路不能工作。此外，为了限制低频信号增益过大，常在电容上并联一个电阻$R_f$，通常$R_f$的阻值比较大，所以不会影响到积分电路输出与输入的关系。

（2）微分运算电路

将图9-14所示的积分电路中的电阻$R_1$与电容$C$交换位置，可得基本微分电路如图9-16所示。利用虚短和虚断的概念可知：$u_+ = u_- = 0$，且$i_R = i_C = C\dfrac{du_C}{dt} = C\dfrac{du_i}{dt}$，而$u_o$

$= -i_R R_f$，所以$u_o = -R_f C\dfrac{du_i}{dt}$。

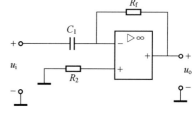

图9-16　微分电路

因此，输出电压与输入电压成积分关系，负号代表相位相反。当输入信号为方波时，输出应为尖脉冲。

微分电路对高频干扰和噪声十分敏感，以至于输出信号可能完全淹没在噪声中，使电路不能工作，因此，图9-16所示的基本微分电路虽然从原理上可以实现微分预算，但其稳定性是很差的。通常在实际电路中，在输入回路中将电容$C_1$串联电阻$R$，用来限制噪声和突变的输入电压所形成的过大输入电流。

**4. 实验仪器及设备**

1）实验箱及相关电路板。

2）双踪示波器。

3）信号发生器。

4）交流毫伏表。

**5. 实验内容及步骤**

（1）积分电路

电路如图9-17所示，该电路为反相积分电路：$U_o = -\dfrac{1}{R_1 C}\displaystyle\int_{t_0}^{t} U_i(t)\,dt + U_o(t_0)$。实际电路中为防止低频信号增益过大，往往在积分电容两边并联一个电阻$R_f$，它可以减少运放的直流偏移，但也会影响积分的线性关系，一般取$R_f \gg R_1 = R_2$。

1）$U_i$设置成频率为100 Hz、幅值为±1 V（峰峰值$V_{PP} = 2$ V）的方波信号，观察和比较$U_i$与$U_o$的幅值大小及相位关系，并记录波形。

注：当输入100 Hz、$V_{PP} = 2$ V的方波时，根据反向积分法则产生三角波。当方波为$-U_Z$时，三角波处于上升沿，反之处于下降沿。输出三角波的峰峰值为$V_{PP} = \dfrac{1}{R_1 C} U_Z \dfrac{T}{2} =$

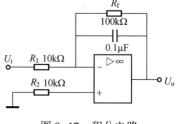

图9-17　积分电路

5 V。当不加上$R_f$时，示波器观察到的输出三角波往往出现失真，此时使用直流输入观察就会发现，三角波的中心横轴大约在+10 V或-10 V的地方，因为直流偏移太大，所以输出会产生失真。在电容两端并上大电位器，调节其阻值在500 kΩ~1 MΩ的范围，可以观察到不失真的三角波，峰峰值为5 V，此时仍有一定的直流偏移。当并上$R_f = 100$ kΩ时，直流偏移在1 V以下，但输出三角波已经变成近似积分波，幅值也有所下降。

当输入100 Hz、$V_{PP} = 2$ V的正弦波时，输出波形的相位比输入波形的相位超前90°。当

不加上 $R_f$ 时，示波器观察到的输出正弦波往往出现切割失真，同样是直流偏移太大的原因。在电容两端并上大电位器，调节其阻值在 500 kΩ~1 MΩ 的范围，可以观察到不失真的波形，峰峰值为 3.2 V，此时仍有一定的直流偏移。当并上 $R_f = 100$ kΩ 时，直流偏移在 1 V 以下，幅值也有所下降。

2）改变信号频率（20~400 Hz），观察 $U_i$ 与 $U_o$ 的相位、幅值及波形的变化。

（2）微分电路

如图 9-18 所示连接电路，输入三角波信号，$f =$ 200 Hz，$V_{PP} = 400$ mV，在微分电容左端接入 400 Ω 左右的电阻（通过调节 1 kΩ 电位器得到），用示波器观察并记录 $U_i$ 与 $U_o$ 的波形。

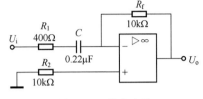

图 9-18　微分电路

注：理论上有 $U_o(t) = -RC\dfrac{dU_i(t)}{dt}$。但对于图 9-18 所示电路，对于阶跃变化的信号或者脉冲式大幅值干扰，都会使运放内部放大管进入饱和或截止状态，以至于即使信号消失也不能回到放大区，形成堵塞现象使电路无法工作。同时由于反馈网络为滞后环节，它与集成运放内部滞后环节相叠加，易产生自激振荡，从而使电路不稳定。为解决以上问题，可在输入端串联一个小电阻 $R_1$，以限制输入电流和高频增益，消除自激。以上改进是针对阶跃信号（方波、矩形波）或脉冲波形而言，对于连续变化的正弦波，除非频率过高不必使用，当加入电阻 $R_1$ 时，电路输出为近似微分关系。

（3）积分-微分电路

实验电路如图 9-19 所示。

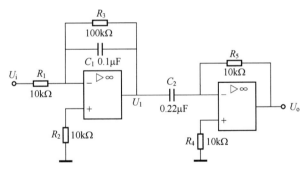

图 9-19　积分-微分电路

1）在 $U_i$ 输入 $f = 200$ Hz、$V_{PP} = \pm 6$ V 的方波信号，用示波器观察 $U_i$ 和 $U_o$ 的波形并记录。

2）将 $f$ 改为 500 Hz，重复上述实验。

**6. 思考题**

1）积分电路中 $R_f$ 和微分电路中 $R_1$ 的作用是什么？

2）计算实验步骤中理论值，并与测量值比较，分析产生误差的原因。

**7. 实验报告要求**

1）整理实验数据，保存并打印示波器输出波形。

2）总结积分、微分电路的特点。

3）回答思考题。

4）写出实验心得体会。

## 9.5　有源滤波电路

**1. 预习要求**

1）复习教材中有关滤波电路的理论。
2）在虚拟仿真实验平台上完成实验前预习及仿真内容。
3）计算实验电路的增益特性表达式和截止、中心频率。

**2. 实验目的**

1）熟悉有源滤波电路构成及其特性。
2）学会测量有源滤波电路幅频特性。

**3. 实验原理**

滤波器是具有让特定频率段的信号通过而抑制衰减其他频率信号功能的双端口网络，常用 RC 元件构成无源滤波器，也可加入运放单元构成有源滤波器。

无源滤波器结构简单，可通过大电流，但易受负载影响，对通带信号有一定衰减，因此在信号处理时多使用有源滤波器。根据幅频特性所表示的通过和阻止信号频率范围的不同，滤波器可分为低通滤波器、高通滤波器、带通滤波器、带阻滤波器和全通滤波器五种。

二阶有源滤波器相比一阶有源滤波器，滤波效果更为理想。本次实验以二阶有源低通、高通和带阻滤波器为例加以验证。

（1）二阶有源低通滤波电路

实验电路如图 9-20 所示。

由拉普拉斯变换分析可得 $A_u(s) = \dfrac{\dfrac{R_f}{R_1}+1}{1+\left(2-\dfrac{R_F}{R_1}\right)RCs+(RCs)^2}$，取 $A_{up}=1+\dfrac{R_f}{R_1}$，$Q=\dfrac{1}{3-A_{up}}$，$\omega_0=$

$\dfrac{1}{RC}$，$f_0=\dfrac{1}{2\pi RC}$，则 $|A_u(j\omega)|=\dfrac{A_{up}}{\sqrt{\left[1-\left(\dfrac{\omega}{\omega_0}\right)^2\right]^2+\left(\dfrac{1}{Q}\dfrac{\omega}{\omega_0}\right)^2}}$，幅频响应如图 9-21 所示。

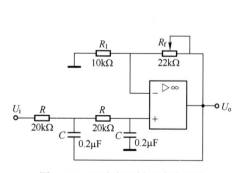

图 9-20　二阶有源低通滤波电路

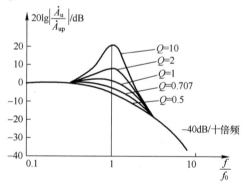

图 9-21　二阶有源低通滤波电路幅频响应

（2）二阶有源高通滤波电路

实验电路如图9-22所示。

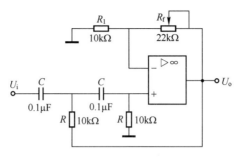

图9-22　二阶有源高通滤波电路

由拉普拉斯变换分析可得$A_u(s) = \dfrac{\dfrac{R_f}{R_1}+1}{1+\left(2-\dfrac{R_f}{R_1}\right)\dfrac{1}{RCs}+\left(\dfrac{1}{RCs}\right)^2}$，取$A_{up}=1+\dfrac{R_f}{R_1}$，$Q=\dfrac{1}{3-A_{up}}$，$\omega_0=$

$\dfrac{1}{RC}$，$f_0=\dfrac{1}{2\pi RC}$，则$|A_u(j\omega)|=\dfrac{A_{up}}{\sqrt{\left[1-\left(\dfrac{\omega_0}{\omega}\right)^2\right]^2+\left(\dfrac{1}{Q}\dfrac{\omega_0}{\omega}\right)^2}}$，幅频响应如图9-23所示。

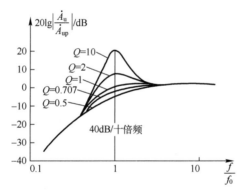

图9-23　二阶有源高通滤波电路幅频响应

（3）二阶有源带阻滤波电路

实验电路如图9-24所示。

由拉普拉斯变换分析可得$A_u(s)=\dfrac{\left(\dfrac{R_f}{R_1}+1\right)\left[1+(RCs)^2\right]}{1+2\left(1-\dfrac{R_f}{R_1}\right)RCs+(RCs)^2}$，取$A_{up}=1+\dfrac{R_f}{R_1}$，$Q=\dfrac{1}{2(2-A_{up})}$，

$\omega_0=\dfrac{1}{RC}$，$f_0=\dfrac{1}{2\pi RC}$，则$|A_u(j\omega)|=\dfrac{A_{up}}{\sqrt{1+\dfrac{1}{Q^2}\dfrac{1}{\left(\dfrac{\omega_0}{\omega}-\dfrac{\omega}{\omega_0}\right)^2}}}$，中心频率为$f_0=\dfrac{1}{2\pi RC}$，通频带截止频

率为$f_{p1}=[\sqrt{(2-A_{up})^2+1}-(2-A_{up})]f_0$，幅频响应如图9-25所示。

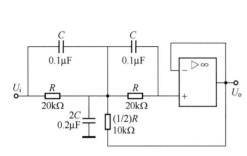

图9-24 二阶有源带阻滤波电路

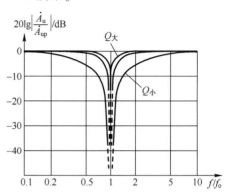

图9-25 二阶有源带阻滤波电路幅频特性

**4. 实验仪器及设备**

1）实验箱及相关电路板。

2）双踪示波器。

3）信号发生器。

4）交流毫伏表。

**5. 实验内容及步骤**

（1）低通滤波电路

实验电路如图9-20所示。其中，反馈电阻$R_f$选用22 kΩ电位器，设定$R_f$为5.7 kΩ。按表9-12内容测量并记录。

表9-12 低通滤波电路测量数据

| $U_i$/V | 1 | 1 | 1 | 1 | 1 | 1 | 1 | 1 | 1 | 1 |
|---|---|---|---|---|---|---|---|---|---|---|
| $f$/Hz | 5 | 10 | 15 | 30 | 60 | 100 | 150 | 200 | 300 | 400 |
| $U_o$/V | | | | | | | | | | |

（2）高通滤波电路

实验电路如图9-22所示，反馈电阻$R_f$选用22 kΩ电位器，设定$R_f$为5.7 kΩ，按表9-13内容测量并记录。

表9-13 高通滤波电路测量数据

| $U_i$/V | 1 | 1 | 1 | 1 | 1 | 1 | 1 | 1 | 1 | 1 |
|---|---|---|---|---|---|---|---|---|---|---|
| $f$/Hz | 10 | 20 | 30 | 50 | 100 | 130 | 160 | 200 | 300 | 400 |
| $U_o$/V | | | | | | | | | | |

（3）带阻滤波电路

实验电路如图9-24所示，按表9-14内容测量并记录。

1）实测电路中心频率。

2）以实测中心频率为中心，测出电路幅频特性。

**6. 思考题**

1）计算实验步骤中理论值，并与测量值比较，分析产生误差的原因。

表 9-14　带阻滤波电路测量数据

| $U_i$/V | 1 | 1 | 1 | 1 | 1 | 1 | 1 | 1 | 1 | 1 |
|---|---|---|---|---|---|---|---|---|---|---|
| $f$/Hz | 5 | 10 | 20 | 30 | 50 | 60 | 70 | 80 | 90 | 100 |
| $U_o$/V | | | | | | | | | | |
| $U_i$/V | 1 | 1 | 1 | 1 | 1 | | | | | |
| $f$/Hz | 130 | 160 | 200 | 300 | 400 | | | | | |
| $U_o$/V | | | | | | | | | | |

2）如何组成带通滤波电路？试设计一中心频率为 300 Hz、带宽 200 Hz 的带通滤波电路。

**7. 实验报告要求**

1）整理实验数据，填入相应表格中。

2）总结低通、高通、带通及带阻电路的特点。

3）回答思考题。

4）写出实验心得体会。

# 第10章 波形发生器电路

## 10.1 集成 RC 正弦波振荡电路

**1. 预习要求**

1）复习 RC 正弦波振荡电路的工作原理。

2）完成下列填空题。

① 图 10-1 中，要改变输出信号振荡频率，只要改变_____或_____的数值即可。

② 图 10-1 中，$R_2$ 和 $R_3$ 及电容组成选频网络，同时也是_____反馈，$R_1$ 和 $R_p$ 构成_____反馈，其中电位器是用来_____，使 $A_u \geqslant 3$。

**2. 实验目的**

1）掌握 RC 正弦波振荡电路的构成及工作原理。

2）熟悉正弦波振荡电路的调整、测试方法。

3）观察 RC 参数对振荡频率的影响，学习振荡频率的测定方法。

**3. 实验原理**

正弦波振荡电路必须具备两个条件：

1）必须引入反馈，而且反馈信号要能代替输入信号，这样才能在不输入信号的情况下自激产生正弦波振荡。

2）要有外加的选频网络，用于确定振荡频率。因此振荡电路由四部分电路组成：放大电路、选频网络、反馈网络及稳幅环节。

实际电路中多用 LC 谐振电路或者 RC 串并联电路（两者均起到带通滤波选频作用）用作正反馈来组成振荡电路。平衡条件为 $|\dot{A}\dot{F}| = 1$，相位条件为 $\varphi_A + \varphi_F = 2n\pi$，起振条件为 $|\dot{A}\dot{F}| > 1$。

本实验电路常称为文氏电桥振荡电路，在图 10-1 中，由 $R_p$ 和 $R_1$ 组成电压串联负反馈，使集成运放工作于线性放大区，形成同相比例运算电路，由 RC 串并联网络作为正反馈回路兼选频网络。分析电路可得 $|\dot{A}| = 1 + \dfrac{R_p}{R_1}$，$\varphi_A = 0$。当 $R_2 = R_3 = R$，$C_1 = C_2 = C$ 时，有 $\dot{F} =$

$$\dfrac{1}{3 + \mathrm{j}\left(\omega RC - \dfrac{1}{\omega RC}\right)}, \ 设 \ \omega_0 = \dfrac{1}{RC}, \ 有 \ |\dot{F}| = \dfrac{1}{\sqrt{9 + \left(\dfrac{\omega}{\omega_0} - \dfrac{\omega_0}{\omega}\right)^2}}, \ \varphi_F = -\arctan\dfrac{1}{3}\left(\dfrac{\omega}{\omega_0} - \dfrac{\omega_0}{\omega}\right)。 \ 当 \ \omega = \omega_0$$

时，$|\dot{F}| = \dfrac{1}{3}$，$\varphi_F = 0$，此时取 $A$ 稍大于 3，便满足起振条件，稳定时 $A = 3$。

**4. 实验仪器**

1）双踪示波器。

2）低频信号发生器。

3）交流毫伏表。

4）模电实验箱。

**5. 实验内容及步骤**

1）按图 10-1 接线。

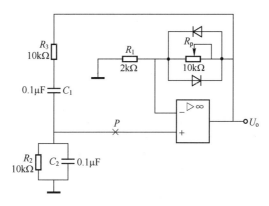

图 10-1　RC 正弦波振荡电路

2）用示波器观察输出波形。并思考：

① 若元件完好，接线正确，电源电压正常，而无信号输出，原因何在？应怎么办？

② 有输出但出现明显失真，应如何解决？

注：无输出和输出失真都与放大倍数 $A$ 有关，$A$ 小则不起振，$A$ 大则输出失真，调节电位器来调整放大倍数 $A$。

3）用示波器中的频率计测量上述电路输出频率，并与计算值比较。

注：由于 $A$ 要大于 3，即 $R_p$ 大于 4 kΩ 时才起振，但此时放大倍数大于平衡条件，易于出现输出幅值过大而失真的现象。为改善这种现象，可适当加入稳幅环节，在 $R_p$ 两端并联两个二极管，利用二极管的动态电阻变化特性进行自调节。

4）测定运算放大电路的闭环电压放大倍数 $A_{uf}$。

先测出图 10-1 电路的输出电压 $U_o$ 值后，关断实验箱电源，保持 $R_p$ 及信号发生器频率不变，断开图 10-1 中"$P$"点接线，把低频信号发生器接至一个 1 kΩ 的电位器上，再从这个 1 kΩ 电位器的滑动触点取 $U_i$ 接至运放同相输入端。如图 10-2 所示，调节 $U_i$ 使 $U_o$ 等于原值，测出此时的 $U_i$ 值。

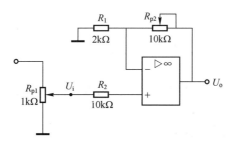

图 10-2　测量 RC 振荡电路的闭环电压放大倍数

则有 $A_{uf} = U_o/U_i$。

5）测定 RC 串并联网络的幅频特性曲线。

按照图 10-3 连接电路。输入大小为 $3V_{PP}$ 的正弦波，改变频率按表 10-1 测量 $P$ 点输出，填入表中，根据所测数据绘出幅频特性曲线。

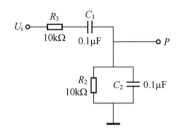

图 10-3　RC 串并联网络幅频特性测量

表 10-1　RC 串并联网络幅频特性测量数据

| $f$/Hz | 20 | 40 | 60 | 80 | 100 | 120 | 130 | 140 | 150 |
|---|---|---|---|---|---|---|---|---|---|
| $U_o$/mV | | | | | | | | | |
| $f$/Hz | 160 | 170 | 180 | 200 | 250 | 300 | 400 | 500 | 1000 |
| $U_o$/mV | | | | | | | | | |

**6. 思考题**

1）电路中哪些参数与振荡频率有关？将振荡频率的实测值与理论估算值进行比较，分析产生误差的原因。

2）总结改变负反馈深度对振荡电路起振的幅值条件及输出波形的影响。

**7. 实验报告要求**

1）记录数据和波形。

2）绘出 RC 串并联网络的幅频特性曲线。

3）回答思考题。

4）写出实验心得体会。

# 10.2　电压比较器电路

**1. 预习要求**

1）复习教材中有关电压比较器电路的理论。

2）在虚拟仿真实验平台上完成实验前预习及仿真内容。

3）计算实验电路的各个步骤的理论值，并与实验值进行比较。

**2. 实验目的**

1）掌握比较电路的电路构成及特点。

2）学会测试比较电路的方法。

**3. 实验原理**

电压比较器用来比较输入信号与参考电压的大小。当两者幅度相等时输出电压产生跃变，由高电平变成低电平，或者由低电平变成高电平，由此来判断输入信号的大小和极性。此时，运放处于开环或者正反馈状态。输入端加一个微小信号，运放即进入饱和区。故输出只有两种可能，即$+U_{om}$和$-U_{om}$。

（1）过零比较器

过零比较器电路及其转移特性曲线如图10-4所示。

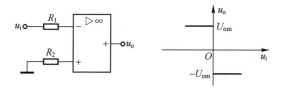

图10-4　过零比较器电路及其转移特性曲线

根据 $u_+ = 0, u_- = u_i$，故有 $\begin{cases} u_i < 0, & u_o = U_{om} \\ u_i > 0, & u_o = -U_{om} \end{cases}$。

特点：在门限电压附近微小的变化可使输出产生跳变，故具有很高的灵敏度，但同时易受干扰。

（2）滞回比较器

一般的过零比较器虽然灵敏度较高，但抗干扰能力较差。当输入信号的大小处于门限电压附近时，由于外界或者噪声的干扰及温漂等因素的影响，可能会造成输出电压的不断跃变。为了解决这一问题，在运放中加入正反馈，形成具有滞回特性的比较器，可大大提高比较器的抗干扰能力。滞回比较器电路及其转移特性曲线如图10-5所示。

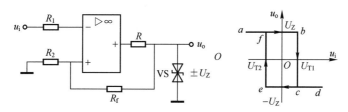

图10-5　滞回比较器电路及其转移特性曲线

根据"虚断"原则，利用分压公式可求得 $u_+ = \dfrac{R_2}{R_2 + R_f} u_o$。

因输出有稳压管限幅，将 $u_o = \pm U_Z$ 代入上式，可得上下门限电压：

$$U_{T1} = \frac{R_2}{R_2 + R_f} U_Z, \quad U_{T1} = -\frac{R_2}{R_2 + R_f} U_Z$$

根据跃变条件，可绘出相应的转移特性曲线，$\Delta U_T = U_{T1} - U_{T2} = \dfrac{2R_2}{R_2 + R_f} U_Z$，定义为回差电压，其值越大，抗干扰能力越强。

注：回差电压是一个很重要的参数。对于滞回比较器而言，回差电压代表的意义在于：

当输入电压的变化范围超过回差电压时，比较器的输出才会发生跳变，否则输出不跳变。即输入电压即使存在小的干扰或者噪声，只要其不大于回差电压，都不会影响到输出，从而提高了电路的抗干扰能力。

但是同时，在回差电压范围内，输入电压的变化也不会影响到输出，即电路的灵敏度降低。

灵敏度和抗干扰能力是电路两个相互矛盾的指标，灵敏度是针对输入信号而言的，抗干扰是针对噪声或者干扰信号而言的。因此，其中一个指标好，另外一个指标必然差。

**4. 实验仪器及设备**

1）实验箱及相关电路板。

2）双踪示波器。

3）信号发生器。

4）数字万用表。

**5. 实验内容及步骤**

（1）过零比较电路

实验电路如图 10-6 所示。

1）按图接线，测输出电压 $U_o$ 的大小。

2）$U_i$ 输入 500 Hz、$1V_{PP}$ 的正弦波，观察输入、输出波形并记录。

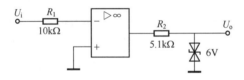

图 10-6 过零比较电路

（2）反相滞回比较电路

实验电路如图 10-7 所示。

1）按图接线，$U_i$ 接直流电压源，测出 $U_o$ 由 $+U_{om} \sim -U_{om}$ 发生跳变时，$U_i$ 的临界值。

2）同上，测出 $U_o$ 由 $-U_{om} \sim +U_{om}$ 发生跳变时，$U_i$ 的临界值。

3）$U_i$ 接 500 Hz、$1V_{PP}$ 的正弦信号，观察此时是否有输出信号，若要输出方波信号，应该如何操作？

4）将输入信号接入示波器的 CH1 通道，输出信号接入示波器的 CH2 通道，并将示波器的时基由 "Y-T" 改为 "X-Y"，记录反相滞回比较器的转移特性曲线。

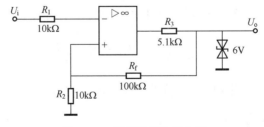

图 10-7 反相滞回比较电路

（3）同相滞回比较电路

实验电路如图 10-8 所示。

1）参照反相滞回比较器电路自拟实验步骤及方法。

2）将结果与步骤（2）相比较。

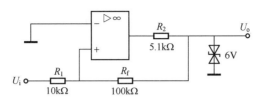

图 10-8　同相滞回比较电路

**6. 思考题**

1）计算实验步骤中理论值，并与测量值比较，分析产生误差的原因。

2）总结过零、滞回比较器电路的特点。

**7. 实验报告要求**

1）整理实验数据，填入自制表格中。

2）回答思考题。

3）写出实验心得体会。

# 10.3　方波、三角波、锯齿波发生电路

**1. 预习要求**

1）复习教材中有关波形发生电路的理论。

2）在虚拟仿真实验平台上完成实验前预习及仿真内容。

3）分析实验电路的相关工作原理，定性画出相关计算实验电路的输出波形。

**2. 实验目的**

1）掌握波形发生电路的特点和分析方法。

2）熟悉波形发生电路设计方法。

**3. 实验原理**

（1）方波发生电路

利用滞回比较器和 RC 积分延时电路可组成一个方波发生电路，如图 10-9 所示。滞回比较器引入正反馈，RC 回路既作为延迟环节，又作为负反馈网络，电路通过 RC 充放电来实现输出状态的自动转换。

分析电路，可知道滞回比较器的门限电压 $\pm U_T = \pm \dfrac{R_1}{R_1+R_2}U_Z$。当 $U_o$ 输出为 $U_Z$ 时，$U_o$ 通过 $R$ 对 $C$ 充电，直到 $C$ 上的电压 $U_C$ 上升到门限电压 $U_T$，此时输出 $U_o$ 反转为 $-U_Z$。电容 $C$ 通过 $R$ 放电，当 $C$ 上的电压 $U_C$ 下降到门限电压 $-U_T$，输出 $U_o$ 再次反转为 $U_Z$，此过程周而复始，电路产生振荡。由于电容的充放电回路相同，即充放电时间常数相同因而输出方波。

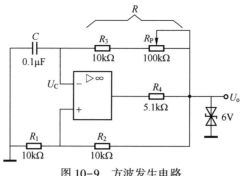

图 10-9　方波发生电路

根据分析充放电过程可得公式如下：

$$T = 2RC\ln\left(1 + \frac{2R_1}{R_2}\right)$$

$$f = \frac{1}{T}$$

（2）占空比可调的矩形波发生电路

如图 10-10 所示为占空比可调的矩形波发生电路，其原理与图 10-9 相同，但由于两个单向导通二极管的存在，其充电回路和放电回路的电阻不同，设电位器 $R_{p1}$ 中属于充电回路部分（即 $R_{p1}$ 上半部分）的电阻为 $R'$，电位器 $R_{p1}$ 中属于放电回路部分（即 $R_{p1}$ 下半部分）的电阻为 $R''$，如不考虑二极管单向导通电压，可得公式：

$$T = t_1 + t_2 = (2R + R' + R'')C\ln\left(1 + \frac{2R_{p2}}{R_2}\right), \quad f = \frac{1}{T}$$

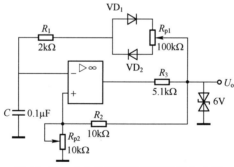

图 10-10　占空比可调的矩形波发生电路

占空比 $q = \dfrac{R + R'}{2R + R' + R''}$。

（3）三角波发生电路

三角波发生电路由同相滞回比较器与积分电路组成。与前面电路相比较，积分电路代替了一阶 RC 电路用作恒流充放电电路，从而形成线性三角波，同时易于带负载，如图 10-11 所示。

$A_1$ 构成滞回比较器，利用叠加定理可得

$$u_+ = \frac{R_p}{R_1 + R_p}U_{o1} + \frac{R_1}{R_1 + R_p}U_{o2}$$

当 $u_+ > 0$ 时，$U_{o1} = +U_Z = 6\,\text{V}$；当 $u_+ < 0$ 时，$U_{o1} = -U_Z = -6\,\text{V}$。

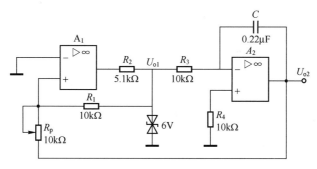

图 10-11 三角波发生电路

$A_2$ 构成反相积分器，假设电源接通时 $U_{o1} = -U_Z$，$U_{o2}$ 线性增加。

当 $U_{o2} = \dfrac{R_p}{R_1}U_Z$ 时，可得 $u_+ = \dfrac{R_p}{R_1+R_p}(-U_Z) + \dfrac{R_1}{R_1+R_p}\left(\dfrac{R_p}{R_1}U_Z\right) = 0$，当 $U_{o2}$ 上升到使 $u_+$ 略高于 0 V

时，$A_1$ 翻转到 $U_{o1} = +U_Z$。同样 $U_{o2} = -\dfrac{R_p}{R_1}U_Z$ 时，当 $U_{o2}$ 下降到使 $u_+$ 略低于 0 V 时，$U_{o1} = +U_Z$。这样不断重复，就得到方波 $U_{o1}$ 和三角波 $U_{o2}$。

输出方波的幅值由稳压管决定，被限制在 $\pm U_Z$ 之间。三角波幅值 $U_{o2} = \dfrac{R_p}{R_1}U_Z$，电路的振荡频率为 $f = \dfrac{R_1}{4R_pR_3C}$。选 $R_p = 10\ k\Omega$，计算得 $f = 113.6\ Hz$。

（4）锯齿波发生电路

如图 10-12 所示，电路分析与三角波发生电路一样，设当 $U_{o2} = U_Z$ 时，积分回路电阻（电位器上半部分）为 $R'$，当 $U_{o2} = U_Z$ 时，积分回路电阻（电位器下半部分）为 $R''$。因此，电容充放电时间常数不相等，$U_{o1}$ 输出为一占空比可调的锯齿波。

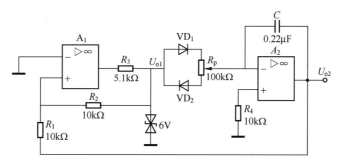

图 10-12 锯齿波发生电路

考虑到二极管的导通压降可得 $t_1 = \dfrac{2\dfrac{R_1}{R_2}U_Z}{U_Z - 0.7}R'C$，$t_1 = \dfrac{2\dfrac{R_1}{R_2}U_Z}{U_Z - 0.7}R''C$，$T = t_1 + t_2$，占空比 $q = \dfrac{t_1}{t_2}$

$= \dfrac{R'}{R'+R''}$。

**4. 实验仪器及设备**

1) 实验箱及相关电路板。

2) 双踪示波器。

3) 信号发生器。

4) 交流毫伏表。

**5. 实验内容及步骤**

（1）方波发生电路

实验电路如图 10-9 所示，双向稳压管稳压值一般为 5~6 V。

1) 按电路图接线，观察 $U_o$ 波形及频率，并与理论计算值比较。

2) 分别测出 $R = 10\,k\Omega$、$110\,k\Omega$ 时的频率、输出幅值，与理论计算值比较。要想获得更低的频率应如何选择电路参数？试利用实验箱上给出的元器件进行实验并观测。

（2）占空比可调的矩形波发生电路

实验电路如图 10-10 所示。

1) 按图接线，观察并测量电路的振荡频率、幅值及占空比。

2) 若要使占空比更大，应如何选择电路参数并用实验验证。

注：实际实验时，当占空比超过某范围后频率会升高。之所以与理论计算值有相当大的差异，是因为理论计算时忽略了二极管正向导通电压 0.7 V 的关系，实际充放电电流比理论值小，所以频率要比理论值低。

（3）三角波发生电路

实验电路如图 10-11 所示。选 $R_p = 10\,k\Omega$。

1) 按图接线，分别观测 $U_{o1}$ 及 $U_{o2}$ 的波形并记录。

2) 如何改变输出波形的频率？将 $R_p$ 调到 $10\,k\Omega$ 大小，记录示波器上显示的信号频率，并与理论值进行比较。

（4）锯齿波发生电路

实验电路如图 10-12 所示。

1) 按图接线，观测电路输出波形和频率。

2) 按预习时的方案改变锯齿波频率并测量变化范围。

**6. 思考题**

1) 总结波形发生电路的特点。

2) 波形发生电路需要调零吗？

3) 波形发生电路有没有输入端？

**7. 实验报告要求**

1) 保存并打印输出波形图。

2) 画出各实验预习要求的设计方案、电路图，写出实验步骤及结果。

3) 回答思考题。

4) 写出实验心得体会。

# 第11章 互补对称功率放大电路

**1. 预习要求**

1) 分析图11-5电路中各晶体管工作状态及交越失真情况。

2) 电路中若不加输入信号，$VT_2$、$VT_3$的功耗是多少？

3) 电阻$R_4$、$R_5$的作用是什么？

4) 根据实验内容自拟实验步骤及记录表格。

**2. 实验目的**

1) 理解互补对称功率放大器的工作原理。

2) 加深理解电路静态工作点的调整方法。

3) 学会互补对称功率放大电路调试及主要性能指标的测试方法。

**3. 实验原理**

（1）功率放大电路的特点

1) 功率放大电路研究的主要问题是如何提高功率放大电路的输出功率和效率。输出功率是交流电压与交流电流的乘积，即交流功率，直流成分产生的功率不是输出功率。由于功率放大电路处于大信号工作状态，输出波形易产生失真，分析电路时效率应在输出波形不失真时计算得到。

2) 放大电路实际是一个能量转换器，它是将电源供给的直流能量转换成交变信号给负载，因此在分析时还要考虑效率。在直流电源供给的功率相同情况下，输出功率越大，电路的效率越高。

3) 功率放大电路中电流、电压要求都比较大，必须注意电路参数不能超过晶体管的极限值。

（2）功率放大电路的主要性能指标

1) 输出功率：当输入信号为正弦信号时，在输出波形基本不失真的情况下负载上得到的交流功率，即$P_o=I_oU_o$（$I_o$、$U_o$分别为负载上输出交流电压、电流的有效值）。

2) 效率：定义为负载上得到的有用信号功率与电源供给的直

流功率的比值，即$\eta=\dfrac{P_o}{P_E}$（$P_o$为信号输出功率，$P_E$为直流电源供给的功率）。

（3）功率放大电路的分类

1) 甲类：放大电路中，晶体管在输入信号的整个周期内都处于导通状态，导通角$\theta=360°$，所以电压放大器也称为甲类放大器，如图11-1所示。

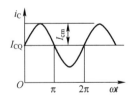

图11-1 甲类放大电路
工作状态

甲类放大电路中，直流电源始终不断供给功率，当没有信号输入时，这些功率全部消耗在管子和电阻上转化为热能；当有信号输入时，直流电源提供功率的一部分转化为交流输出功率，理想情况下，甲类放大电路的效率 $\eta = 50\%$，实际上其效率最高只有 $40\% \sim 50\%$。

因此，甲类电路的特点是工作状态失真小，静态电流大，管耗大，效率低。

2）乙类：放大电路中，晶体管只在输入信号的半个周期内导通，半个周期内截止，导通角 $\theta = 180°$，如图 11-2 所示。

相比甲类放大电路，乙类放大电路的静态工作点 $Q$ 位置下移，使得 $i_c$ 为零或者很小，这样使直流电源供给的功率在没有信号输入时就会等于零或者很小；当有信号输入时，直流电源供给的功率会随着输入信号的增加而增加，从而提高电路的效率。

因此，乙类电路的特点是工作状态失真大，静态电流为零，管耗小，效率高。

3）甲乙类：放大电路中，晶体管导通角 $180° < \theta < 360°$，这种工作方式称为甲乙类放大。它是甲类放大电路和乙类放大电路的结合，其效率略低于乙类，但能克服乙类放大电路的交越失真，如图 11-3 所示。

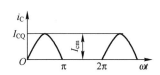

图 11-2　乙类放大电路工作状态

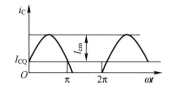

图 11-3　甲乙类放大电路工作状态

因此，甲乙类电路的特点是工作状态失真大，静态电流小，管耗小，效率较高。

（4）互补对称功率放大电路

在乙类功率放大电路中，采用两个管子，让其中的一个在交流电的正半周工作，另一个在负半周工作，并让它们的输出信号都能加到负载上，由于两管交替工作，这样在负载上就能得到一个完整的正弦波形，从而解决了效率与失真之间的矛盾，如图 11-4 所示。

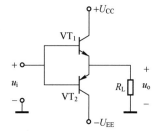

图 11-4　乙类互补对称功率放大电路

当 $u_i = 0$ 时，$VT_1$ 和 $VT_2$ 均截止；当 $u_i > 0$ 时，$VT_1$ 导通，$VT_2$ 截止；当 $u_i < 0$ 时，$VT_1$ 截止，$VT_2$ 导通。理想情况下，在负载上就能得到一个完整的正弦波形。但实际上，当输入电压小于死区电压时，晶体管截止，引起交越失真，且输入信号幅度越小，失真越明显。

输出功率 $P_o = \dfrac{1}{2} I_{om} U_{om} = \dfrac{1}{2} \dfrac{U_{om}^2}{R_L}$，忽略管子的 $U_{CES}$，可得输出功率的最大值 $P_{omax} \approx \dfrac{1}{2} \dfrac{U_{cc}^2}{R_L}$。

直流电源提供的功率应等于负载上得到的输出功率与总管耗之和，即

$$P_E = P_o + P_T = \frac{2 U_{CC} U_{om}}{\pi R_L}$$

电路的效率 $\eta = \dfrac{P_o}{P_E} = \dfrac{\pi}{4} \dfrac{U_{om}}{U_{CC}}$。

**4. 实验仪器及设备**

1）实验箱及相关电路板。

2）双踪示波器。

3）信号发生器。

4）数字万用表。

**5. 注意事项**

本实验测量电流时使用的是数字万用表，在测量时将万用表串联接入电路，注意表笔接插位置，使用前打到最大量程。

**6. 实验内容及步骤**

1）按照图 11-5 连接电路，$U_{CC}$ 接 +12 V，电位器 $R_p$ 为 100 kΩ，调整直流工作点，使 $M$ 点电压为 $0.5U_{CC}$。

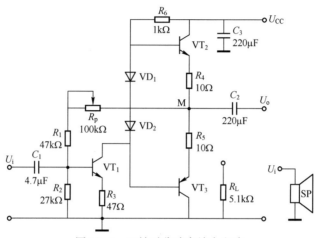

图 11-5　互补对称功率放大电路

注：本电路由两部分组成，一部分是由 $VT_1$ 组成的共射极放大电路，为甲类功率放大；另一部分是互补对称功率放大电路，用 $VD_1$、$VD_2$、$R_4$、$R_5$ 来使 $VT_2$、$VT_3$ 处于临界导通状态，以消除交越失真现象，为准乙类功率放大电路。

2）测量静态工作点，填入表 11-1 中。

表 11-1　互补对称功率放大电路静态工作点测量数据

| 晶　体　管 | $U_B/V$ | $U_C/V$ | $V_E/V$、 |
|---|---|---|---|
| $VT_1$ | | | |
| $VT_2$ | | | |
| $VT_3$ | | | |

3）输入频率为 5 kHz 的正弦波，调节输入幅值使输出波形最大且不失真。测量输出电压 $U_o$ 及总电流 $I$，填入表 11-2 中。

表 11-2　互补对称功率放大电路测量数据及计算值

| 测量及计算值 | $R_L = +\infty$ | $R_L = 5.1\,k\Omega$ | $R_L = 8\,k\Omega$ |
|---|---|---|---|
| $U_o$ | | | |
| 总电流 $I$ | | | |
| $A_u$ | | | |

4）改变电源电压为+6 V，按步骤 1）~3）测量并比较输出功率和效率。

5）计算放大电路在带 8 Ω 负载（扬声器）时的功耗和效率。

**7. 思考题**

总结功率放大电路的特点及测量方法。

**8. 实验报告要求**

1）分析实验结果，计算实验内容要求的参数。

2）回答思考题。

3）写出实验心得体会。

# 第12章 串联型直流稳压电源

**1. 预习要求**

1）复习直流稳压电源中整流、滤波、稳压电路的组成及各部分功能。

2）根据电路给定的参数，计算每步骤中输出电压的交、直流分量的理论值。

3）写出预习报告，准备好实验数据记录表格。

**2. 实验目的**

1）验证单相桥式整流、电容滤波电路的输出直流电压与输入交流电压的关系，并观察它们的波形。

2）学习测量直流稳压电源电路的主要技术指标。

3）学习集成稳压块 LM7805 的使用。

**3. 实验原理**

（1）直流稳压电源的组成

直流稳压电源是将交流电变成稳定的、大小合适的直流电，一般由变压器、整流电路、滤波电路和稳压电路四部分构成。其组成框图和每部分输出波形如图 12-1 所示。

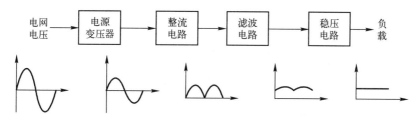

图 12-1 串联型直流稳压电源组成框图

（2）桥式整流电路

利用二极管的单向导电性，可设计半波、全波和桥式等整流电路，将交流电压变为脉动的直流电压。典型的桥式整流电路如图 12-2 所示。

纹波系数的定义：输出电压中交流分量和直流分量之比称为纹波系数，其多用来衡量滤波品质。

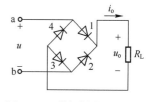

图 12-2 单相桥式整流电路

（3）滤波电路

利用电抗元件的储能作用，将脉动的直流电压变为平滑的直流电压，如电容滤波电路、LC 滤波电路等，输出波形如图 12-3 所示。

放电时间常数 $\tau = R_L C$ 越大，电容充放电越慢，负载上的平均电压越高，负载电压中的波纹成分越少。因此为保证效果，滤波电容容量较大，一般采用电解电容器，且要求 $\tau = R_L C \gg (3 \sim 5) \dfrac{T}{2}$。

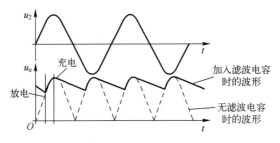

图 12-3　滤波电路输出波形图

电容滤波电路中，输出电压平均值随电流的变化而变化，当整流电路的内阻较小，且电容放电时间满足 $\tau \gg (3\!\sim\!5)\dfrac{T}{2}$ 时，电容滤波电路的输出直流电压可按照下式进行估算：

$$U_{\mathrm{o}} \approx 1.2U$$

（4）集成稳压电路

集成负反馈串联稳压电路，稳压基本要求为 $U_{\mathrm{i}} - U_{\mathrm{o}} \geqslant 2\,\mathrm{V}$。集成稳压电路主要分为三个系列：固定正电压输出的 78 系列、固定负电压输出的 79 系列以及可调三端稳压器 X17 系列。

78 系列中输出电压有 5 V、6 V、9 V 等，根据输出最大电流分类有 1.5A 型号的 78XX（XX 为其输出电压）、0.5A 型号的 78MXX 及 0.1A 型号的 78LXX 三档。79 系列中输出电压有-5 V、-6 V 及-9 V 等，同样根据输出最大电流分为三档，标识方法一样。

可调式三端稳压器根据工作环境温度要求不同分为三种型号，能工作在-55~150℃的为 117，能工作在-25~150℃的为 217，能工作在 0~150℃的为 317，同样根据输出最大电流不同分为 X17、X17M 及 X17L 三档。其输入输出电压差要求在 3 V 以上。

本次实验中使用的是 LM7805，可稳定输出+5 V 的直流电压。典型的集成稳压标准电路如图 12-4 所示，其中二极管 VD 是出于保护，防止输入端突然短路时电流倒灌损坏稳压块；两个电容用于抑制纹波与高频噪声。

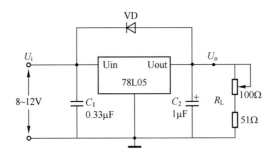

图 12-4　7805 集成稳压电路

**4. 实验仪器及设备**

1）实验箱及相关电路板。

2）双踪示波器。

3）数字万用表。

**5. 注意事项**

1）本实验是将 220 V 交流电转化成 5 V 直流电的输出，实验时注意安全。

2）实验前注意检查实验箱上变压器部分的熔断器，如有损坏及时更换。

3）实验过程中观察波形时，注意**按实验步骤进行**，同时要区分示波器接头的"地线"连接位置。

**6. 实验内容及步骤**

（1）交流变压器输出

按图 12-5 所示，连接实验箱上变压器 14 V 输出部分。测量变压器输出电压 $U_1$ 的波形，以及对应的交流分量、直流分量，填入表 12-1 中，并计算纹波系数 $\delta = \dfrac{U_{交}}{U_{直}}$。

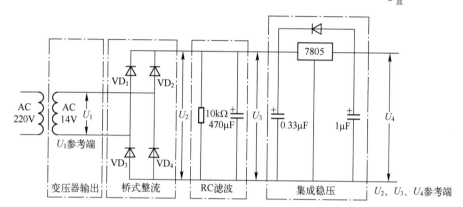

图 12-5　整流、滤波及稳压电路

注：变压器输出波形应为频率为 50 Hz 的正弦波形，其直流分量在用万用表直流电压档测量时，在 0 附近不停跳动，记为 0 即可。测量时注意参考端。

（2）桥式整流电路输出

利用 4 个二极管组成桥式整流电路，按照图 12-5 继续连接桥式整流部分。为减小电流，在整流电路输出端接入阻值为 10 kΩ 的电阻，观察并记录桥式整流部分输出电压 $U_2$ 的波形，以及对应的交流分量、直流分量，填入表 12-1 中，并计算纹波系数 $\delta = \dfrac{U_{交}}{U_{直}}$。

注：经过桥式整流之后，已经有部分交流分量转化为直流分量，注意此时 $U_2$ 的参考端。

（3）RC 整流滤波电路输出

利用电阻与电容并联组成 RC 滤波电路，按照图 12-5 继续连接 RC 滤波部分，由于上步骤中 10 kΩ 的电阻已经接入，此步骤中只需并联电容即可，**连线时注意电解电容的正负极**。

电容分别取 10 μF 和 470 μF。观察并记录在不同电容值的情况下，RC 滤波电路输出电压 $U_3$ 的波形，以及对应的交流分量、直流分量，填入表 12-1 中，并计算纹波系数 $\delta = \dfrac{U_{交}}{U_{直}}$。

注：当示波器耦合方式选择为直流时，由于 $U_3$ 直流分量较大，波形超过示波器显示范围，故观察不到。为直观显示电压的滤波效果，将示波器耦合方式选择为交流，此时 $U_3$ 的波形仅显示电压交流脉动的部分，直流分量被滤掉。

RC 滤波效果取决于时间常数 $\tau=RC$ 的大小，电阻一定的情况下，电容越大，滤波效果越好。

（4）集成稳压电路的输出

利用集成稳压电路 LM7805，按照图 12-5 继续连接稳压电路部分，测量稳压电路的输出 $U_4$ 对应的交流分量、直流分量，填入表 12-1 中，并计算纹波系数 $\delta=\dfrac{U_\text{交}}{U_\text{直}}$。

注：经过集成稳压之后的输出为直流电压，其波形无须记录，其直流分量应在 5 V 左右，交流分量在用万用表交流电压档测量时，在 0 附近不停跳动，记为 0 即可。测量时注意参考端。

表 12-1　整流、滤波及稳压电路测量数据

| 测　量　值 | $U_\text{交}$ | $U_\text{直}$ | $\delta=\dfrac{U_\text{交}}{U_\text{直}}$ |
|---|---|---|---|
| $U_1$ | | | |
| $U_2$ | | | |
| $U_3$ | | | |
| $U_4$ | | | |

**7. 思考题**

1）电压纹波系数反映了电源的什么性能指标？

2）LM7805 上并联的二极管起到什么作用？

3）LM7805 输入端、输出端并联的电容分别起什么作用？

**8. 实验报告要求**

1）画出实验电路图，整理实验数据，打印出保存的波形图。

2）根据实验步骤计算每步骤中输出电压交、直流分量的理论值，并与测量值进行比较，分析误差可能出现的原因。

3）回答思考题。

4）写出实验心得体会。

# 附录　Multisim 简介

## A.1　Multisim 的启动

1）Multisim 打开后的界面如图 A-1 所示。主要由菜单栏、工具栏、缩放栏、设计栏、仿真栏、工程栏、元器件工具栏、仪器工具栏和电路图编辑窗口等组成。

图 A-1　界面显示及主要区域

2）选择"文件（File）"→"新建（New）"→"空白（Blank）"命令，即弹出图 A-2 所示的主设计窗口。

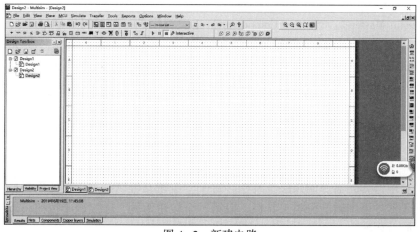

图 A-2　新建电路

## A.2 菜单栏

软件以图形界面为主，采用菜单、工具栏和热键相结合的方式，具有一般 Windows 应用软件的界面风格，用户可以根据自己的习惯和熟悉程度自如使用。

菜单栏位于界面的上方，通过菜单可以对 Multisim 的所有功能进行操作。不难看出，菜单中有一些与大多数 Windows 平台上的应用软件一致的功能选项，如 File、Edit、View、Options、Windows 以及 Help。此外，还有一些 EDA 软件专用的选项，如 Place、MCU、Simulate、Transfer、Tool 以及 Report 等。菜单栏中的具体内容可通过单击相应按钮查看，此处不再详述。

## A.3 工具栏

Multisim 提供了多种工具栏，并以层次化的模式加以管理，用户可以通过菜单中的选项方便地将顶层的工具栏打开或关闭，再通过顶层工具栏中的按钮来管理和控制下层的工具栏。通过工具栏，用户可以方便地直接使用软件的各项功能。

顶层的工具栏有标准工具栏、设计工具栏、缩放工具栏和仿真工具栏。

1）标准工具栏包含了常见的文件操作和编辑操作，如图 A-3 所示。

图 A-3　标准工具栏

2）设计工具栏是 Multisim 的核心工具栏，通过对该工作栏按钮的操作可以完成对电路从设计到分析的全部工作，其中的按钮可以直接开关下层的工具栏，即元器件工具栏中的 Multisim Master 工具栏和 Instruments 仪器栏。

① Multisim Master 是元器件（Component）工具栏中的一项，可以通过单击设计工具栏来进行选择。该工具栏有 14 个按钮，如图 A-4 所示，每一个按钮都对应一类元器件，其分类方式和 Multisim 元器件数据库中的分类相对应，通过按钮上的图标可大致清楚该类元器件的类型。具体的内容可以从 Multisim 的在线文档中获取。

图 A-4　元器件工具栏

这个工具栏作为元器件的顶层工具栏，每一个按钮又可以开关下层的工具栏，下层工具栏是对该类元器件更细致的分类工具栏。以第一个按钮为例，通过这个按钮可以打开电源和信号源类的所有资源。

② 仪器（Instruments）工具栏集中了 Multisim 为用户提供的所有虚拟仪器仪表，用户可以通过按钮选择自己需要的仪器对电路进行观测，在图 A-1 的右侧。

3）用户可以通过缩放（Zoom）工具栏方便地调整所编辑电路的视图大小。

4）仿真工具栏可以控制电路仿真的开始、结束和暂停，如图 A-5 所示。

5）放置探针工具栏可以放置电压、电流以及波形等探针，并可进行设置，方便实时了解电路的一些特性，如图 A-6 所示。

6）快捷键工具栏如图 A-7 所示，从左到右依次能够完成的功能分别是：电气规则检查、转到 Ultiboard、从文件反向注释、注释到 Ultiboard、查找范例及 Multisim 帮助。

图 A-5　仿真工具栏　　　　图 A-6　探针工具栏　　　　图 A-7　快捷键工具栏

7）交互式按键 ꗃ Interactive 点开后如图 A-8 所示，可根据需要进行电路的相关分析，如直流工作点、交流分析、瞬态分析单频率交流分析及参数扫描等。

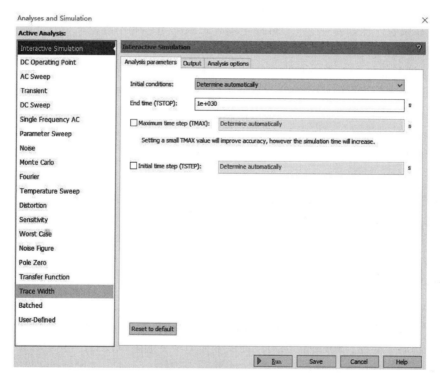

图 A-8　仿真与分析界面

8）这几个按钮 ，单击前三个可以进行设计工具栏、电子表格栏以及 SPICE 网表的打开和关闭。剩下的分别可以查看仿真波形图、后处理器、母电路图、元器件向导和数据库管理器。

## A. 4　Multisim 常用元器件库分类

常用元器件图标如图 A-9 所示。

图 A-9　常用元器件图标

在此对电子仿真软件 Multisim 的元器件库及元器件不进行一一详细介绍，实际创建仿真电路时可根据需要在相应元器件库中寻找相应的元器件。这里有几点需要说明：

1）关于虚拟元器件，这里指的是现实中不存在的元器件，也可以理解为它们的参数可以任意修改和设置。比如要一个 $1.034\,\Omega$ 电阻、$2.3\,\mu F$ 电容等不规范的特殊元器件，就可以选择虚拟元器件通过设置参数达到。

2）与虚拟元器件相对应，把现实中可以找到的元器件称为真实元器件或者现实元器件。比如电阻的"元件"栏中就列出了从 $1.0\,\Omega$ 到 $22\,M\Omega$ 的全系列现实中可以找到的电阻。现实元器件可以调用，其中，有的参数可以修改（比如晶体管的 $\beta$ 值），有的参数不能修改（如 MANUFACTURER_CAPACITOR 中的电容）。

3）电源虽然列在现实元器件工具栏中，但它属于虚拟元器件，可以任意修改和设置其参数。

4）关于额定元器件，是指它们允许通过的电流、电压、功率等的最大值是有限制的，超过额定值，该元器件将被击穿和烧毁。其他元器件都是理想元器件，没有定额限制。

## A. 5　虚拟仪器

对电路进行仿真运行，通过对运行结果的分析，判断设计是否正确合理，是 EDA 软件的一项主要功能。为此，Multisim 为用户提供了类型丰富的虚拟仪器，可以从图 A-1 右侧直接单击并移动到合适位置，或用菜单命令（Simulate/Instrument）选用这些仪器。选用这些仪器后，各种虚拟仪器都以面板的方式显示在电路中。

万用表、函数信号发生器、功率表、示波器、波特测试仪、频率表、IV 分析仪及失真 IV 分析仪等，它们的使用方法与现实仪器类似，或者使用非常简单，在此不进行介绍。下面介绍几种数字电路常用的虚拟仪器。

（1）字发生器

字发生器及其面板如图 A-10 所示，可选择发生器的字以循环、单帧和单步方式显示，其控件进一步设置如图 A-11 所示。字发生器可设置触发方式及变化频率，能显示十六进制、十进制、二进制及 ASCII 码。如图 A-11 所示，字发生器预设置模式包括无更改、加载、保存、清除缓冲区、加法计数、减法计数、右移和左移，还可设置初始模式、缓冲区大小及输出电压的最大值和最小值。

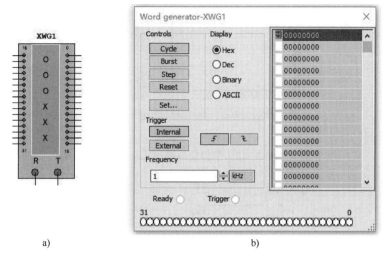

a)                                                        b)

图 A-10　字发生器及其面板

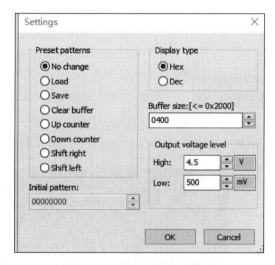

图 A-11　字发生器控件设置

（2）逻辑变换器

逻辑变换器及其面板如图 A-12 所示。逻辑电路转换为真值表如图 A-13 所示，可以将该电路的真值表显示在图 A-12 的真值表区，然后将真值表转换为逻辑表达式、化简，只需按相应按钮即可在逻辑表达式区显示相应的结果。还可以直接在真值表区写出真值表，直接得到最简逻辑表达式，按图 A-12 右下角的两个按钮，分别将逻辑表达式转换为逻辑电路或者与非门逻辑电路。

（3）逻辑分析仪

逻辑分析仪及其面板如图 A-14 所示。

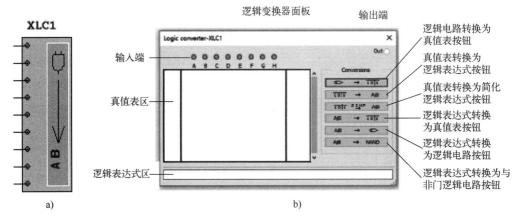

图 A-12 逻辑变换器及其面板

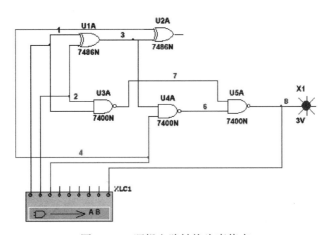

图 A-13 逻辑电路转换为真值表

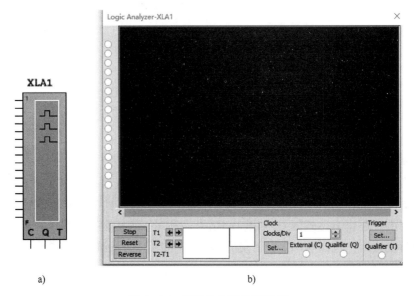

图 A-14 逻辑分析仪及其面板

逻辑分析仪的时钟控件如图 A-15 所示，可以选择内部及外部时钟源，时钟频率可调，其采样设置包括前触发和后触发的采样点数以及触发阈值电压值。

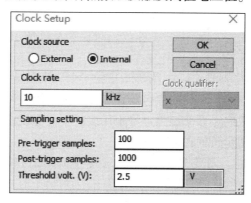

图 A-15　逻辑分析仪时钟控件

触发设置如图 A-16 所示，触发时钟脉冲边沿可以是正边沿也可以是负边沿或者两者皆可，触发模式有 A、B、C 及组合模式可选择。组合模式中有多种关于前三种模式的逻辑组合关系。触发限定字可以是 0、1 或者任意。

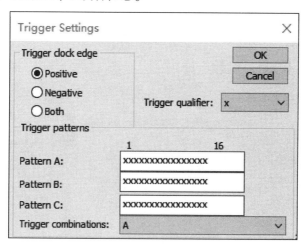

图 A-16　逻辑分析仪触发设置

此外，虚拟仪器中还有频谱分析仪、网络分析仪、Anglient（安捷伦）函数信号发生器、万用表、示波器、Tektronix（泰克）示波器以及 LabVIEW 仪器可供使用。

## A. 6　基于 Multisim 的仿真举例

### 1. 计数器仿真

1）打开 Multisim 设计环境，选择"文件"→"新建"→"空白（Blank）"命令，即弹出一个新的电路图编辑窗口，工程栏同时出现一个新的名称。命名后单击"保存"，将该文件保存到指定文件夹下。

这里需要说明的是：

① 文件名称要包含能体现电路功能的关键字，建议使用英文缩写，尽量不要使用汉语拼音。

② 在电路图的编辑和仿真过程中，要养成随时保存文件的习惯，以免由于没有及时保存而导致文件的丢失或损坏。

③ 原理图连线方法和步骤与实际电路实验接线类似，要注意养成良好的习惯。电路仿真时，一般电源线用红色导线，地线用黑色导线，复杂电路用多种颜色的导线连接，方便检查错误。另外观察仿真结果时，多个结果最好也用多种颜色导线标志，方便分析验证仿真结果，同时能节省返回原理图定位问题位置的时间。

2）在绘制电路图之前，需要先熟悉一下元器件工具栏和仪器工具栏的内容，清楚 Multisim 都提供了哪些电路元器件和仪器。

3）放置电源。单击元器件工具栏的"放置信号源（Place Source）"选项，即图 A-9 的第一个图标，出现如图 A-17 所示的对话框。

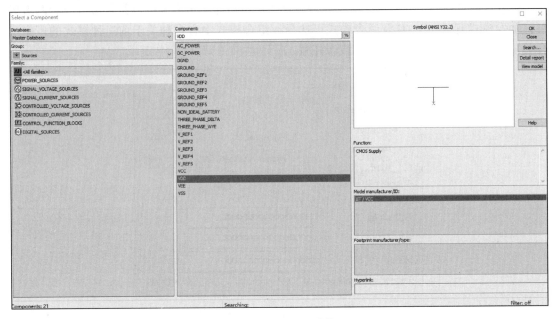

图 A-17　选择元器件

① "数据库（Database）"选项中选择"主数据库（Master Database）"。

② "组（Group）"选项中选择"sources"。

③ "群（Family）"选项中选择"POWER_SOURCES"。

④ "元器件（Component）"选项中选择"VDD"。注意：VDD 用于数字电路，虽然 VCC 也能完成功能仿真，但为了养成良好的习惯，建议用 VDD。

⑤ 右边的"符号（Symbol）""功能（Function）"等对话框里，会根据所选项目列出相应的说明，对有些不熟悉的元器件，可以通过这些项的描述内容进行了解。

4）选择好电源符号后，单击"确定"按钮，移动鼠标到电路编辑窗口，选择放置位置后，单击鼠标左键即可将电源符号放置于电路编辑窗口中，放置完成后，还会弹出元器件选择对话框，可以继续放置，单击关闭按钮可以取消放置。

5）放置的电源符号显示的是 5 V。仿真时需要的可能不是 5 V，可以进行修改。双击该电源符号，出现如图 A-18 所示的属性对话框，在该对话框里，可以更改该元器件的属性。在这里，将电压改为 6 V。当然也可以更改元器件的序号引脚等属性。

图 A-18 电源值的修改

6）与前面相似，接下来单击"放置基础（Basic）元器件"放置电阻，单击"放置 TTL 元件"选择放置 74LS164 和 74LS48 芯片，单击"放置指示元件（Place Indicator）"放置七段数码管。

7）放置后的元器件都按照默认的摆放情况放置在编辑窗口中。例如，电阻是默认横着摆放的，但实际在绘制电路过程中，各种元器件的摆放情况是不一样的，比如想把电阻变成竖直摆放，可将鼠标放在对应电阻上，然后单击右键，这时会弹出一个对话框，在对话框中可以选择让元器件顺时针旋转 90°（Rotate 90°clockwise）或者逆时针旋转 90°（Rotate 90°counter clockwise），当然，有时需要将元器件水平翻转（Flip Horizontally）或者垂直旋转（Flip Vertically），方法类似。如果元器件摆放的位置不合适，想移动一下元器件的摆放位置，则将鼠标放在元器件上，按住鼠标左键，即可拖动元器件到合适位置。

8）放置仪器仪表。在仪器栏选择"函数信号发生器（Function Generator）"和"逻辑分析仪（Logic Analyzer）"，将鼠标移动到电路编辑窗口内。单击鼠标左键，将电压表放置在合适位置。仪器仪表的属性可以双击鼠标左键进行查看和修改。

9）下面就进入连线步骤了。将鼠标移动到电源的正极，当鼠标指针变成✦时，表示导线已经和正极连接起来了，单击鼠标将该连接点固定，然后移动鼠标到 74LS161D 的 ENP 端，出现小红点后，表示正确连接到此端，单击鼠标左键固定，这样一根导线就连接好了。如果想要删除这根导线，将鼠标移动到该导线的任意位置，单击鼠标右键，选择"删除"即可将该导线删除；或者选中导线，直接按"Delete"键删除。所有元器件放置好后，如图 A-19 所示。

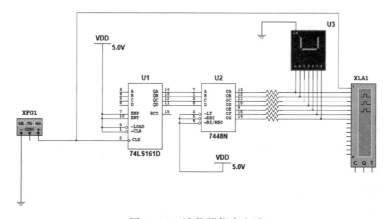

图 A-19 计数器仿真电路

10）电路连接完毕，检查无误后，就可以进行仿真了。单击仿真栏中的绿色开始按钮
▶，电路进入仿真状态。函数信号发生器使用方法比较简单，只需双击，然后设置波形、
频率及幅值等参数即可。此处主要说明逻辑分析仪的使用方法。双击图 A-19 中的逻辑分析
仪，界面显示如图 A-20 所示，可以发现逻辑分析仪的时序图始终是一条直线。对此，首先
单击图 A-20 中时钟的 Set 按钮，即图 A-21 中靠近右下角的位置，弹出名为 "Clock Setup"
的对话框，如图 A-22 所示；然后选择时钟来源为 "Internal"，并设置其频率和外电路时钟
频率一致，本电路函数信号发生器频率为 100 Hz，所以这里 "Clock rate" 也设置为 100 Hz；
接下来设置 "Threshold volt" 的值，使其为高电平和低电平之间的数据，大约 2.5 V，稍微
小点也可以，比如 2 V；最后单击 "Accept"，即可看到计数器波形图如图 A-23 所示。波形
是否正确，需要根据电路的逻辑功能自行分析，反过来，也可以根据波形图分析电路图的
问题。

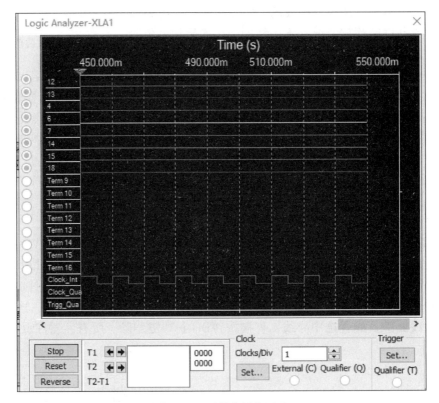

图 A-20　逻辑分析仪显示

熟悉了如何利用 Multisim 来进行电路仿真后，就可以利用电路仿真来学习模拟电路和数
字电路了。

**2. 最简单的 RC 高通滤波频响仿真**

1）建立已放置函数信号发生器的 RC 高通滤波器仿真电路如图 A-24 所示。

2）开始仿真：选择菜单命令 "仿真（Simulate）" → "分析和仿真（Analyses and Simu-
lation）" → "交流扫描（AC Sweep）"，或者按 "Interactive" 按钮，选择交流扫描，然后设
置好参数，如图 A-25 所示。

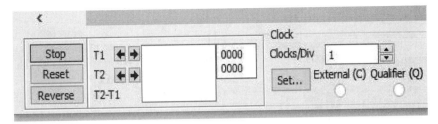

图 A-21　时钟设置 Set 按钮

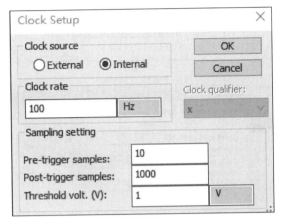

图 A-22　逻辑分析仪时钟设置对话框

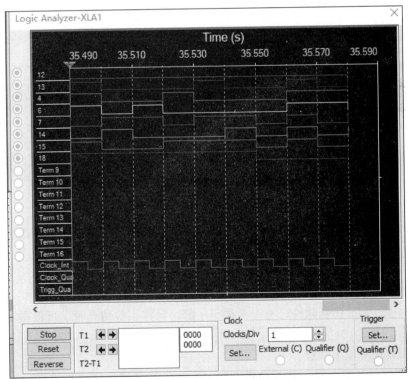

图 A-23　正确的逻辑分析仪输出显示

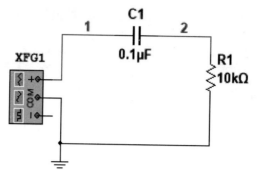

图 A-24　RC 高通滤波器仿真电路图

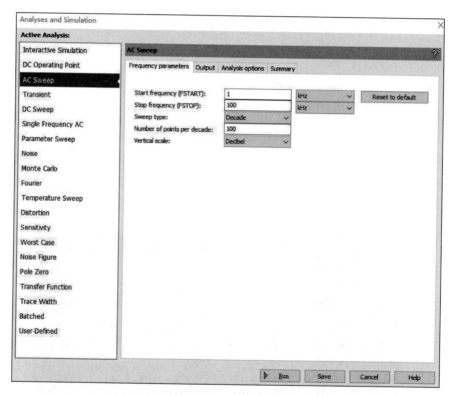

图 A-25　参数设置

3）单击 AC Sweep 的"Output"选项卡，选择要测试的电路位置（可多选），如图 A-26 所示。

4）最后单击图 A-26 下方的"Run（运行）"按钮，输出电路的频响相位图如图 A-27 所示。

至此，对 Multisim 仿真软件已有一个简单了解，具体实验仿真时，可根据需要对其各项功能灵活应用。

最后，需要注意以下几点：

① 仿真跟实际实验一样，并不是将电源、元器件和测试仪表等连接在一起，然后观察结果、记录数据等就可以了。仿真实验也存在接线的良好习惯，比如电源线用红色导线、地

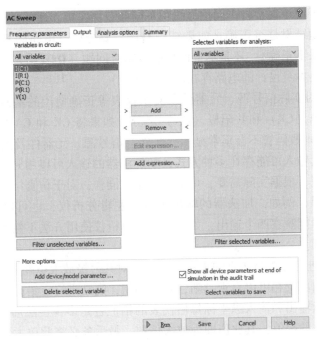

图 A-26　测试位置选择

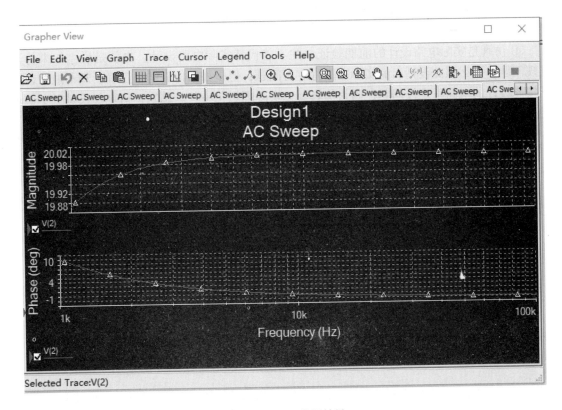

图 A-27　AC 分析结果

线用黑色导线，为了便于观察将不同信号线用不同颜色标注等。此外，最重要的是对结果要进行分析，必须清楚结果是否正确；如果结果错误，要分析是电路图有问题（设计好的电路连接错误导致结果不正确），还是本身设计的电路有问题（仿真结果是仿真电路图的正确结果，结果不正确是本身设计的电路存在问题所导致）。

② 仿真建立在对实际信号源、元器件及测试仪表等正确使用的基础上。例如，对于七段数码管，有共阴极（CK）和共阳极（CA）之分，如果将 CK 和 CA 接错，即 CK 接高电平，CA 接低电平，则数码管不会正常显示。此外，信号源、元器件及测试仪表等的选择并不唯一。比如，仿真输入可能存在多种方式，如加法器的输入可以用开关、函数信号发生器或者字发生器来实现，根据实际需要，可灵活选用。同样，对于仿真结果，有时也可采用多种虚拟仪器观察结果，例如，加法器的输出可以用逻辑分析仪，也可以使用示波器进行观察，但示波器最多只能观察四个输出，如果对逻辑分析仪使用方法不熟悉，摸索过程中可借助示波器来相互验证。

③ 对仿真结果进行分析是仿真的重点。例如，对共射极放大电路的放大倍数进行仿真，其仿真结果输入与输出反相可以直观判断，若为同相，则结果肯定错误。而对放大倍数仿真结果的计算，要注意输出和输入纵坐标每格代表的幅值各是多少，然后通过每格幅值×格数分别得到输出与输入的幅值，其比值即为放大倍数。最后务必将此放大倍数与理论计算结果进行对比。如果发现放大倍数正确，但是输出值比预想的要大两倍，此时就应该查看是否将输入信号的函数信号发生器接的是+端和−端，而设想的输入信号值是函数信号发生器接+端和 common 端。

④ 仿真是实际电路设计的前期验证，并不能代替实际电路设计。也就是说，如果仿真出现问题，那么照此设计出的实际电路肯定有问题；但是如果仿真结果正确，却不能保证实际按此设计的电路肯定没问题，因为仿真要比实际理想化一些。总之，仿真仅仅是一个偏理想化的验证工具。

# 参 考 文 献

[1] 孙蓓, 张志义. 电子工艺实训基础 [M]. 北京: 化学工业出版社, 2017.

[2] 周润景, 崔婧. Multisim 电路系统设计与仿真教程 [M]. 北京: 机械工业出版社, 2018.

[3] 赵全利, 李会萍. Multisim 电路设计与仿真 [M]. 北京: 机械工业出版社, 2016.

[4] 牛百齐. 模拟电子技术基础与仿真（Multisim10）[M]. 北京: 电子工业出版社, 2016.

[5] 朱彩莲. Multisim 电子电路仿真教程 [M]. 西安: 西安电子科技大学出版社, 2018.

[6] 秦曾煌. 电工学 [M]. 7 版. 北京: 高等教育出版社, 2009.

[7] 邱关源. 电路 [M]. 5 版. 北京: 高等教育出版社, 2006.

[8] 李瀚荪. 电路分析基础 [M]. 4 版. 北京: 高等教育出版社, 2006.

[9] 金波. 电路分析实验教程 [M]. 西安: 西安电子科技大学出版社, 2008.

[10] 林涛, 林薇. 模拟电子技术基础 [M]. 北京: 清华大学出版社, 2010.

[11] 童诗白, 华成英. 模拟电子技术基础 [M]. 5 版. 北京: 高等教育出版社, 2015.

[12] 张锋, 杨建国. 模拟电子技术基础实验指导书 [M]. 北京: 机械工业出版社, 2016.